Janna Macholdt

Zur Sortenbewertung von Winterweizen und Winterroggen

Janna Macholdt

Zur Sortenbewertung von Winterweizen und Winterroggen

Bewertung der Ökostabilität von Weizen- und Roggensorten unter Standortbedingungen im nordostdeutschen Tiefland

Südwestdeutscher Verlag für Hochschulschriften

Impressum / Imprint

Bibliografische Information der Deutschen Nationalbibliothek: Die Deutsche Nationalbibliothek verzeichnet diese Publikation in der Deutschen Nationalbibliografie; detaillierte bibliografische Daten sind im Internet über http://dnb.d-nb.de abrufbar.

Alle in diesem Buch genannten Marken und Produktnamen unterliegen warenzeichen-, marken- oder patentrechtlichem Schutz bzw. sind Warenzeichen oder eingetragene Warenzeichen der jeweiligen Inhaber. Die Wiedergabe von Marken, Produktnamen, Gebrauchsnamen, Handelsnamen, Warenbezeichnungen u.s.w. in diesem Werk berechtigt auch ohne besondere Kennzeichnung nicht zu der Annahme, dass solche Namen im Sinne der Warenzeichen- und Markenschutzgesetzgebung als frei zu betrachten wären und daher von jedermann benutzt werden dürften.

Bibliographic information published by the Deutsche Nationalbibliothek: The Deutsche Nationalbibliothek lists this publication in the Deutsche Nationalbibliografie; detailed bibliographic data are available in the Internet at http://dnb.d-nb.de.

Any brand names and product names mentioned in this book are subject to trademark, brand or patent protection and are trademarks or registered trademarks of their respective holders. The use of brand names, product names, common names, trade names, product descriptions etc. even without a particular marking in this works is in no way to be construed to mean that such names may be regarded as unrestricted in respect of trademark and brand protection legislation and could thus be used by anyone.

Coverbild / Cover image: www.ingimage.com

Verlag / Publisher:
Südwestdeutscher Verlag für Hochschulschriften
ist ein Imprint der / is a trademark of
AV Akademikerverlag GmbH & Co. KG
Heinrich-Böcking-Str. 6-8, 66121 Saarbrücken, Deutschland / Germany
Email: info@svh-verlag.de

Herstellung: siehe letzte Seite /
Printed at: see last page
ISBN: 978-3-8381-3709-4

Zugl. / Approved by: Berlin, HU, Diss., 2013

Copyright © 2013 AV Akademikerverlag GmbH & Co. KG
Alle Rechte vorbehalten. / All rights reserved. Saarbrücken 2013

Inhaltsverzeichnis

Abkürzungsverzeichnis III
Abbildungsverzeichnis IV
Tabellenverzeichnis VI
1   Einleitung und Zielstellung 1
2   Stand der Forschung 5
3   Empirische Studie zur Sortenwahl in Nordostdeutschland 15
   3.1 Material und Methoden 15
   3.2 Ergebnisse Experteninterviews 18
   3.3 Ergebnisse Praxisumfrage 22
   3.4 Diskussion zur empirischen Studie 27
4   Methodik zur Sortenbewertung 36
   4.1 Ökoregression 38
   4.2 Ökovalenz 41
   4.3 Floating Checks 43
   4.4 Anteile der Prüffaktoren an der Merkmalsvariabilität 44
   4.5 Ertragsleistung in Abhängigkeit von der klimatischen Wasserbilanz ... 44
5   Experimentelle Basis und Ergebnisse 47
   5.1 Mehrjähriger und mehrortiger Sortenversuch 47
      5.1.1 Material und Methoden 47
      5.1.2 Ergebnisse bei Winterroggen 51
      5.1.3 Ergebnisse bei Winterweizen 57
   5.2 Sortenversuche auf Sandboden 65
      5.2.1 Material und Methoden 65
      5.2.2 Ergebnisse bei Winterroggen 67
      5.2.3 Ergebnisse bei Winterweizen 72
   5.3 Landessortenversuche Brandenburg 76
      5.3.1 Material und Methoden 77
      5.3.2 Ergebnisse bei Winterroggen 79
      5.3.3 Ergebnisse bei Winterweizen 89
6   Diskussion zur Sortenbewertung 102
   6.1 Winterroggen 102
   6.2 Winterweizen 105
   6.3 Vergleich der Fruchtarten 110
   6.4 Bewertung der Methodik 113
7   Zusammenfassung 120
8   Summary 122
Literaturverzeichnis 124
Anhang 136
Danksagung 170

Abkürzungsverzeichnis

α	Irrtumswahrscheinlichkeit alpha
Antw.	Antworten
AZ	Ackerzahl
b	Reaktionsparameter (Ökoregression)
BBCH	Einheitliche Codierung der Entwicklungsstadien von Getreide der Firmen **B**ASF, **B**ayer, **C**iba-Geigy und **H**oechst
BD	Bestandesdichtetyp
C_{org}	organischer Kohlenstoff
DLG	Deutsche Landwirtschaftsgesellschaft e.V.
dt ha^{-1}	Dezitonne je Hektar
EÄ	Einzelährentyp
ETp	potentielle Evapotranspiration
FG	Freiheitsgrad
FM	Frischmasse
hS	humoser Sand
H	Hybridsorte
INKA-BB	Innovationsnetzwerk Klimaanpassung Brandenburg-Berlin
KD	Korndichtetyp
KP	Kompensationstyp
KWB	Klimatische Wasserbilanz
LELF	Landesamt für Ernährung, Landwirtschaft und Flurneuordnung Brandenburg
lS	lehmiger Sand
LSV	Landessortenversuch
n	Anzahl
nFK	nutzbare Feldkapazität
n.s.	nicht signifikant
Ø	Durchschnitt
P	Populationssorte
S	synthetische Sorte
s	Stabilitätsparameter (Ökoregression)
Sl	anlehmiger Sand
sL	sandiger Lehm
s % ÖV	Variationskoeffizient (Ökovalenz)
SQ	Summe der Abweichungsquadrate
Stdw	Standardabweichung
Su	schluffiger Sand
RP	Rohproteingehalt
Tha	tausend Hektar
TKM	Tausendkornmasse
TRD	Trockenrohdichte
TS	Trockensubstanz
WW	Wechselwirkung, nicht signifikant
WW*	Wechselwirkung, signifikant

Abbildungsverzeichnis

Abbildung 1: Ertragsentwicklung von Winterweizen und Winterroggen in Brandenburg 12
Abbildung 2: Ökoregression bei einem Reaktionsparameter b = 1 39
Abbildung 3: Ökoregression bei einem Reaktionsparameter b ≠ 1 40
Abbildung 4: Beurteilung der Sortenleistung nach dem Regressionsmodell 43
Abbildung 5: Kornertrag von Winterroggen in Abhängigkeit von Standort und Sorte 53
Abbildung 6: Ökoregression für das Merkmal Kornertrag von Winterroggen 54
Abbildung 7: Kornertrag von Winterroggen in Abhängigkeit von der klimatischen Wasserbilanz 55
Abbildung 8: Kornertrag von Winterweizen in Abhängigkeit von Standort und Sorte 59
Abbildung 9: Ökoregression für das Merkmal Kornertrag von Winterweizen 60
Abbildung 10: Kornertrag von Winterweizen in Abhängigkeit von der klimatischen Wasserbilanz 61
Abbildung 11: Niederschlagshöhe und mittlere Lufttemperatur am Standort Thyrow ... 66
Abbildung 12: Jährliche Ertragsleistung verschiedener Sortentypen von Winterroggen 68
Abbildung 13: Ökovalenz und Floating Checks für das Merkmal Kornertrag auf Sortenebene 70
Abbildung 14: Kornertrag von Winterroggen in Abhängigkeit von der klimatischen Wasserbilanz am Standort Thyrow 71
Abbildung 15: Jährliche Ertragsleistung von Winterweizen am Standort Thyrow 73
Abbildung 16: Ökovalenz und Floating Checks für das Merkmal Kornertrag von Winterweizen 74
Abbildung 17: Kornertrag von Winterweizen in Abhängigkeit von der klimatischen Wasserbilanz am Standort Thyrow 75
Abbildung 18: Niederschlagshöhe und mittlere Lufttemperatur am Standort Güterfelde 78
Abbildung 19: Jährliche Ertragsleistung des ausgewählten Sortiments von Winterroggen 81
Abbildung 20: Ökovalenz und Floating Checks für das Merkmal Kornertrag von Winterroggen 82
Abbildung 21: Ökovalenz und Floating Checks für das Merkmal Bestandesdichte von Winterroggen 84
Abbildung 22: Ökovalenz und Floating Checks für das Merkmal Kornzahl je Ähre von Winterroggen 85
Abbildung 23: Ökovalenz und Floating Checks für das Merkmal Tausendkornmasse von Winterroggen 87
Abbildung 24: Kornertrag von Winterroggen in Abhängigkeit von der klimatischen Wasserbilanz am Standort Nuhnen 88
Abbildung 25: Kornertrag von Winterroggen in Abhängigkeit von der klimatischen Wasserbilanz am Standort Güterfelde 89

Abbildung 26: Jährliche Ertragsleistung des ausgewählten Sortiments von Winterweizen 93
Abbildung 27: Ökovalenz und Floating Checks für das Merkmal Kornertrag von Winterweizen 93
Abbildung 28: Ökovalenz und Floating Checks für das Merkmal Bestandesdichte von Winterweizen 94
Abbildung 29: Ökovalenz und Floating Checks für das Merkmal Kornzahl je Ähre von Winterweizen 96
Abbildung 30: Ökovalenz und Floating Checks für das Merkmal Tausendkornmasse von Winterweizen 97
Abbildung 31: Ökovalenz und Floating Checks für das Merkmal Rohproteingehalt von Winterweizen 98
Abbildung 32: Ökovalenz und Floating Checks für das Merkmal Rohproteinertrag von Winterweizen 99
Abbildung 33: Kornertrag von Winterweizen in Abhängigkeit von der klimatischen Wasserbilanz am Standort Nuhnen 100
Abbildung 34: Kornertrag von Winterweizen in Abhängigkeit von der klimatischen Wasserbilanz am Standort Güterfelde 101

Tabellenverzeichnis

Tabelle 1:	Vor- und Nachteile verschiedener Sortentypen	6
Tabelle 2:	Auswertung der Antworten zu wahrgenommenen klimatischen Veränderungen (Praxisumfrage)	23
Tabelle 3:	Angaben zur Verschiebung der Aussaat- und Erntetermine (Praxisumfrage)	24
Tabelle 4:	Informationsquellen von Landwirten für die Sortenwahl (Praxisumfrage)	25
Tabelle 5:	Relevanz von Sorteneigenschaften für Landwirte (Praxisumfrage)	25
Tabelle 6:	Beurteilung verschiedener Aspekte für Winterweizen und Winterroggen (Praxisumfrage)	26
Tabelle 7:	Mögliche Fälle für den Verlauf von Regressionsgeraden oberhalb des Umweltmittels	41
Tabelle 8:	Bewertung der Ökovalenz	42
Tabelle 9:	HAUDE-Faktor für Winterweizen und -roggen für verschiedene Monate	46
Tabelle 10:	Standortbeschreibung des Versuchsstandortes Berge	48
Tabelle 11:	Standortbeschreibung des Versuchsstandortes Blumberg	48
Tabelle 12:	Standortbeschreibung des Versuchsstandortes Berlin-Dahlem	49
Tabelle 13:	Standortbeschreibung des Versuchsstandortes Thyrow	49
Tabelle 14:	Variationsursachen des Kornertrags und der Ertragsstrukturmerkmale von Winterroggen (Ringversuch, 2000 bis 2004)	52
Tabelle 15:	Anteile der Ertragsstrukturmerkmale an der Variabilität des Kornertrags von Winterroggen (Ringversuch, 2000 bis 2004)	52
Tabelle 16:	Leistungs- und Stabilitätsparameter für das Merkmal Kornertrag von Winterroggen (Ringversuch, 2000 bis 2004)	54
Tabelle 17:	Leistungs- und Stabilitätsparameter für das Merkmal Bestandesdichte von Winterroggen (Ringversuch, 2000 bis 2004)	55
Tabelle 18:	Leistungs- und Stabilitätsparameter für das Merkmal Kornzahl je Ähre von Winterroggen (Ringversuch, 2000 bis 2004)	56
Tabelle 19:	Leistungs- und Stabilitätsparameter für das Merkmal Tausendkornmasse von Winterroggen (Ringversuch, 2000 bis 2004)	57
Tabelle 20:	Variationsursachen des Kornertrags und der Ertragsstrukturparameter von Winterweizen (Ringversuch, 2000 bis 2004)	57
Tabelle 21:	Anteile der Ertragsstrukturmerkmale an der Variabilität des Kornertrags von Winterweizen (Ringversuch, 2000 bis 2004)	58
Tabelle 22:	Leistungs- und Stabilitätsparameter für das Merkmal Kornertrag von Winterweizen (Ringversuch, 2000 bis 2004)	59
Tabelle 23:	Leistungs- und Stabilitätsparameter für das Merkmal Bestandesdichte von Winterweizen (Ringversuch, 2000 bis 2004)	62
Tabelle 24:	Leistungs- und Stabilitätsparameter für das Merkmal Kornzahl je Ähre von Winterweizen (Ringversuch, 2000 bis 2004)	62
Tabelle 25:	Leistungs- und Stabilitätsparameter für das Merkmal Tausendkornmasse von Winterweizen (Ringversuch, 2000 bis 2004)	63

Tabelle 26:	Rohproteingehalt von Winterweizen (Ringversuch, 2003 und 2004)..... 64	
Tabelle 27:	Rohproteinertrag von Winterweizen (Ringversuch, 2003 und 2004) 64	
Tabelle 28:	Variationsursachen des Kornertrags von Winterroggen (Faktor: Sorte) (Sortenversuche Thyrow, 2003 bis 2011) 67	
Tabelle 29:	Variationsursachen des Kornertrags von Winterroggen (Faktor: Sortentyp), (Sortenversuche Thyrow, 2003 bis 2011) 68	
Tabelle 30:	Variationsursachen des Kornertrags von Winterweizen (Faktor: Sorte) (Sortenversuche Thyrow, 2003 bis 2011) 72	
Tabelle 31:	Variationsursachen des Kornertrags von Winterweizen (Faktor: Qualitätsgruppe), (Sortenversuche Thyrow, 2003 bis 2011) 72	
Tabelle 32:	Variationsursachen des Kornertrags und der Ertragsstruktur von Winterroggen (Faktor: Sortentyp), (Landessortenversuche Brandenburg, 2003 bis 2011) 79	
Tabelle 33:	Variationsursachen des Kornertrags und der Ertragsstruktur von Winterroggen (Faktor: Sorte), (Landessortenversuche Brandenburg, 2003 bis 2011) 80	
Tabelle 34:	Anteile der Ertragsstrukturmerkmale an der Variabilität des Kornertrags von Winterroggen (Landessortenversuche Brandenburg, 2003 bis 2011) 81	
Tabelle 35:	Variationsursachen des Kornertrags und der Ertragsstruktur von Winterweizen (Faktor: Qualitätsgruppe), (Landessortenversuche Brandenburg, 2003 bis 2011) 90	
Tabelle 36:	Variationsursachen des Kornertrags und der Ertragsstruktur von Winterweizen (Faktor: Sorte), (Landessortenversuche Brandenburg, 2003 bis 2011) 91	
Tabelle 37:	Anteile der Ertragsstrukturmerkmale an der Variabilität des Kornertrags von Winterweizen (Landessortenversuche Brandenburg, 2003 bis 2011) 92	

1 Einleitung und Zielstellung

Das Wachstum und die Entwicklung von Getreidepflanzen variieren deutlich in Abhängigkeit von den Standortbedingungen. Ein Mittelwert aus bundesweiten Versuchsergebnissen wäre aufgrund der sehr differenzierten Anbauregionen Deutschlands nicht repräsentativ (MÖHRING et al., 2004). Daher entwickelte der Arbeitskreis Koordinierung im Sortenversuchswesen beim Verband der Landwirtschaftskammern und des Julius Kühn Instituts - Bundesforschungsinstitut für Kulturpflanzen (JKI) eine Gebietsgliederung Deutschlands in Boden-Klima-Räume. Als nordostdeutsches Tiefland bezeichnet man den Landschaftsgroßraum, der im Norden von der Ostseeküste und im Süden von der mitteleuropäischen Mittelgebirgsschwelle begrenzt wird. In der Region Brandenburg dominiert der Boden-Klima-Raum „Trocken-warme diluviale Böden des nordostdeutschen Tieflandes" (ROSSBERG et al., 2007).

Die vorliegende Arbeit bezieht sich auf das nordostdeutsche Tiefland und im Speziellen auf die Region Brandenburg. Fast die Hälfte der Landesfläche Brandenburgs zählt aktuell zur landwirtschaftlich genutzten Fläche (1,3 Mio. ha), mit Getreideanbau zur Körnergewinnung auf 514 Tha (AMT FÜR STATISTIK BERLIN-BRANDENBURG, 2011). Winterroggen ist in Brandenburg wegen der vorwiegend leichten Böden und regelmäßigen Trockenperioden die ertragsstärkste Getreideart (ELLMER & BAUMECKER, 2007). Keine andere Getreideart liefert unter diesen Bedingungen relativ hohe und stabile Erträge (KÖHN, 2002). Die Anbaufläche stieg von 164 Tha im Jahr 2006 auf 194 Tha in 2011 (LELF, 2012 b). Winterweizen stellt an die Bodenqualität höhere Ansprüche (BAUMECKER & KÖHN, 2006) und nimmt den zweiten Rang in der Anbaufläche ein. Auch hier war eine Ausweitung der Anbaufläche von 151 Tha im Jahr 2006 auf 153 Tha im Jahr 2011 zu verzeichnen (LELF, 2012 c).

Die Region ist durch häufige Trockenperioden gekennzeichnet und es überwiegen Standorte mit geringen Ackerzahlen (AZ < 35); nur wenige Gebiete besitzen eine vergleichsweise bessere Bodengüte (Oderbruch, Uckermark, Nauener Platte, Prignitz) (LELF, 2011 b). Mit einer Jahresniederschlagshöhe von 450 mm bis 650 mm ist die Region als wasserarm einzustufen (GERSTENGARBE et al., 2003). Das Ertragspotential von Winterroggen und im Besonderen von Winterweizen ist durch häufige Wasserknappheit in den Frühjahrs- und Sommermonaten sowohl auf den vorwiegend leichten als auch auf guten Böden limitiert (LELF, 2012 c).

1 Einleitung und Zielstellung

Durch die geringe Wasserspeicherkapazität der Böden sind die Pflanzen besonders anfällig gegenüber lang anhaltenden Hitze- und Trockenperioden (EITZINGER *et al.*, 2009). Im Zuge des Klimawandels und der damit einhergehenden stärkeren Jahresschwankungen (EULENSTEIN, 2010; CHMIELEWSKI, 2009) erhöhen sich die Anforderungen an Sorten. Die Szenarien weisen auf eine tendenzielle Abnahme der Sommerniederschläge hin (SCHALER & WEIGEL, 2007), die das Trockenstress-Risiko erhöhen. Beispielhaft dafür sind die Trockenjahre 2003 und 2011 mit starker Trockenheit im März und insbesondere von Mai bis Mitte Juni. Die Folgen sind neben der Reduzierung von Wachstums- und Entwicklungsprozessen vor allem nachteilige Ertragseffekte (KREUTZER, 1991).

Die Frage der stabilen Ertrags- und Qualitätsbildung auf leichten Standorten bei limitierter Wasserverfügbarkeit rückt somit stärker in den Vordergrund, und neben dem absoluten Leistungsniveau gewinnt die Ertragssicherheit an Bedeutung. Insbesondere vor dem Hintergrund der hohen Volatilität der Getreidepreise in den vergangenen Jahren steigt die Bedeutung der Ertragsstabilität als Wirtschaftlichkeitsfaktor (OTTE, 2008). Die Risikoverminderung ist ein zentraler Aspekt für die Sortenwahl. Aus diesem Grund kommt dem Einsatz von ökostabilen Sorten als innovative Produktionsmittel im Hinblick auf eine nachhaltige, kosteneffiziente sowie umwelt- und qualitätsgerechte Erzeugung ein hohes Innovationspotenzial im Pflanzenbau zu (MICHEL & ZENK, 2010). Dabei charakterisiert die Ökostabilität unter anderem die Ertragssicherheit einer Sorte. Das heißt, die Sortenleistung entspricht nach dem agronomischen Konzept dem Ertragspotential der Umweltbedingungen (BECKER, 1981). Die Einschätzung der Ökostabilität einer Sorte spiegelt sich im Ausmaß der Sorte-Umwelt-Wechselwirkungen wieder, wobei geringe Wechselwirkungseffekte auf eine stabilere Sortenleistung hinweisen können (THOMAS, 2006).

Ziel der vorliegenden Arbeit war es, zum einen spezielle Aspekte der Sortenwahl auf landwirtschaftlichen Betrieben im Rahmen einer empirischen Studie in Nordostdeutschland zu erfassen. Zum anderen fand eine Sortenbewertung anhand verschiedener methodischer Ansätze besondere Beachtung. Dazu wurden Ökostabilität und Leistungsfähigkeit verschiedener Winterroggen- und Winterweizensorten unter verschiedenen Umweltbedingungen in der Region Brandenburg analysiert.

1 Einleitung und Zielstellung

Folgende Hypothesen sollten anhand experimenteller Daten überprüft werden:

- Bei Winterroggen und Winterweizen bestehen deutliche Sortenunterschiede hinsichtlich der Kriterien Ökostabilität, Leistungsfähigkeit und der Reaktion auf differenzierte Umweltbedingungen.
- Hybridsorten des Winterroggens sind ökostabiler und leistungsfähiger als synthetische Sorten bzw. Populationssorten.
- Beim Winterweizen bestehen Unterschiede zwischen Sorten verschiedener Qualitätsgruppen hinsichtlich Ökostabilität und Ertragsfähigkeit.
- Es gibt Ertragsstrukturtypen bei Winterroggen und Winterweizen, welche eine erhöhte Ökostabilität aufweisen.

Die vorliegende Arbeit war in das Projekt „Sortenstrategien für landwirtschaftliche Nutzpflanzen zur Anpassung an den Klimawandel" eingebunden, das zum Forschungsverbund Innovationsnetzwerk Klimaanpassung Brandenburg-Berlin (INKA-BB) zählt. Es hat eine Laufzeit von 2009 bis 2013 und wird vom Bundesministerium für Bildung und Forschung gefördert.

Die Dissertation besteht aus zwei Teilen. Am Anfang steht eine empirische Studie in der Region Nordostdeutschland, welche spezielle Aspekte zur Sortenwahl in der landwirtschaftlichen Praxis erfasst. Die Studie beinhaltet verschiedene Aspekte zur Wahrnehmung klimatischer Veränderungen und zur praktischen Sortenwahl im Pflanzenbau. Der zweite Teil ist auf die Sortenbewertung von Winterroggen und Winterweizen hinsichtlich ihrer Ökostabilität und Leistungsfähigkeit unter spezifischen Standort- und Witterungsbedingungen in der Region Brandenburg ausgerichtet. Für die Sortenbewertung wurden experimentelle Daten aus drei verschiedenen Quellen herangezogen, welche unter Nutzung bekannter biostatistischer Verfahren aus der Pflanzenzüchtung ausgewertet wurden. Aus den bereits vorhandenen und sich ergänzenden Datengrundlagen wird durch die übergreifende retrospektive Auswertung neues Wissen zur Sortenbewertung generiert, um im Ergebnis die Sortenwahl in der landwirtschaftlichen Praxis zu unterstützen. Die spezielle Auswertung der vorliegenden experimentellen Daten dient zur Klärung der anfangs gestellten Hypothesen und zur Verifizierung dessen, was von Winterroggen- und Winterweizensorten unter den geprüften Umweltbedingungen erwartet werden kann.

Den ersten Teil der experimentellen Datengrundlage bildet ein sogenannter Ringversuch, welcher im Zeitraum 2000 bis 2004 an vier Versuchsstandorten der Humboldt-Universität zu Berlin durchgeführt wurde. Dieser Exaktversuch ermöglichte durch die Orthogonalität der geprüften Sorten in verschiedenen Umwelten eine genaue Abschätzung der Sorte-Umwelt-Wechselwirkungen und die Validierung der Methodik.

Der zweite Teil der Daten stammte aus Sortenversuchen in den Jahren 2003 bis 2011 am Versuchsstandort Thyrow der Humboldt-Universität zu Berlin. Sie ermöglichen eine Sortenbewertung für Standorte mit schwach schluffigen Sandböden und relativ geringen und ungleichmäßig verteilten Niederschlägen. Dabei wurden aktuelle Sorten geprüft und die Witterungsvariablität umfassend dokumentiert.

Die Aussagekraft von Sortenversuchen am Einzelstandort ist reduziert. Daher wurden als dritte Datengrundlage zusätzlich Versuchsergebnisse aus den Landessortenversuchen Brandenburgs von 2003 bis 2011 herangezogen. Diese waren nach bundeseinheitlichen Richtlinien und unter differenzierten Boden- und Klimabedingungen in der Region Brandenburg durchgeführt worden und ermöglichen valide Aussagen über regionale sowie aktuelle Sortenleistungen.

Im Rahmen dieser Arbeit wurde eine differenzierte Sortenbewertung zur Ökostabilität und Leistungsfähigkeit von Winterroggen- und Winterweizensorten durchgeführt. Sie bietet eine wertvolle Ergänzung zur bestehenden Sortenbewertung und Unterstützung bei der Sortenwahl in der Region Brandenburg.

2 Stand der Forschung

Zu den wichtigen Zuchtzielen bei Nutzpflanzen zählen neben Ertrag, Qualität, Krankheitsresistenz und Toleranz gegenüber abiotischen Stressfaktoren auch die Züchtung von Sorten, welche für besondere Regionen und deren typische Böden und Witterungsbedingungen geeignet sind. Als Ergebnis von Züchtung und Sortenprüfung gelangen neue Sorten in die landwirtschaftliche Pflanzenproduktion. Das Produktionsmittel Sorte hat eine herausragende Bedeutung und ist weltweit einer der wichtigsten Intensivierungsfaktoren in der Pflanzenproduktion. Etwa 60 % des erforderlichen Anstiegs der weltweiten Nahrungsmittelproduktion wird vom Faktor Sorte erbracht werden müssen (MICHEL & PIENZ, 2007 a). In der Roggen- und Weizenzüchtung werden dabei verschiedene Verfahren verwendet, die im folgenden Abschnitt kurz vorgestellt werden.

Bei der Kombinationszüchtung werden von vornherein ausgewählte, reinerbige Elterngenerationen gezielt eingesetzt, um Nachkommen mit den gewünschten Eigenschaften zu erhalten (SCHNELL, 1982). Zur Kombinationszüchtung zählt die Linienzüchtung, welche vorwiegend bei Winterweizen als Selbstbefruchter zur Anwendung kommt. Eine Liniensorte entsteht durch die Kreuzung homozygoter Eltern, die beide möglichst weitgehend den Zuchtzielen entsprechen sollen, um die Wahrscheinlichkeit zu erhöhen, überlegene Nachkommen aus dieser Kreuzung zu erhalten. Nach der Kreuzung und bei den nachfolgenden Selbstungen entstehen durch Aufspaltung Nachkommen mit neuen Kombinationen von Merkmalen. Es folgt eine mehrstufige, gewichtete Selektion mit fortgesetzter Selbstung, an deren Ende eine homozygote Linie steht (MIEDANER, 2010). Die Populationszüchtung ist eine Form der Kombinationszüchtung, welche insbesondere bei Winterroggen als Fremdbefruchter verbreitet ist. Hier wird nicht auf das Genom eines Individuums selektiert, sondern es wird der Genpool einer Population verbessert. Mehrere ausgewählte Pflanzen bilden dabei die Basis einer neuen Population. Die einzelnen Pflanzen dieser Populationssorte sind in der Regel heterozygot und der Pflanzenbestand dieser Sorte heterogen. Die Züchtung synthetischer Roggensorten gehört ebenfalls zur Kombinationszüchtung. Dabei wird die Sorte aus mehreren definierten Komponenten (Klone, Inzuchtlinien oder Populationen) aufgebaut, die über einige Generationen gemeinsam offen abblühen (ARNCKEN & DIERAUER, 2005). Die Komponenten werden einzeln geprüft und genetisch unverändert erhalten, so dass die Sorte wieder erneut aus diesen Komponenten synthetisiert werden kann.

Neben der Kombinationszüchtung hat die Hybridzüchtung an Bedeutung gewonnen. Hybridsorten entstehen durch Kreuzung zweier nahezu homozygoter Inzuchtlinien. Von Doppelhybriden spricht man, wenn zwei Hybridsorten gekreuzt werden. Es gibt auch Dreiweghybride; hierbei wird eine Hybride als mütterliche Erbkomponente von einer Inzuchtlinie oder einer synthetischen Population aus zwei oder mehr Inzuchtlinien bestäubt (ARNCKEN & DIERAUER, 2005). Die mischerbige erste Filialgeneration besitzt die gewünschten Eigenschaften der Elterngeneration, ist aber vitaler, genetisch variabler und ertragreicher als ihre Elterngeneration. Diese Mehrleistung der ersten Filialgeneration gegenüber dem Mittel der homozygoten Eltern bezeichnet man als Heterosiseffekt (BECKER, 1984). Der Heterosiseffekt ist insbesondere gekennzeichnet durch eine verbesserte Wurzelleistung und Wüchsigkeit (SCHACHSCHNEIDER, 2007).

In der Weizenhybridzüchtung wird die Pollenausbildung vorwiegend mit chemisch-synthetischen Gametoziden verhindert. Bei Selbstbefruchtern fällt der Heterosiseffekt geringer aus als bei Fremdbefruchtern. Dennoch gewinnen die Hybridweizensorten in Ergänzung zu den konventionellen Liniensorten langsam an Bedeutung (MIEDANER, 2010). Ein Netzwerk von Weizenzüchtern aus Deutschland, Österreich und Ungarn prüfte im Rahmen des Züchtungsprogramms „Cornet Wheat Stress" insgesamt 25 Winterweizensorten, bestehend aus 24 Liniensorten und einer Hybridsorte, unter verschiedenen Umweltbedingungen. Dabei erwies sich die Hybridsorte als am ertragsstärksten und -stabilsten (PAUK et al., 2010).

In Tabelle 1 sind die zur Beurteilung der Sortentypen wichtigsten Kriterien zusammengefasst.

Tabelle 1: Vor- und Nachteile verschiedener Sortentypen (MIEDANER, 2010. S. 228)

Kriterium	Liniensorte	Populationssorte	Hybridsorte
Züchtungsaufwand	einfach	einfach	aufwändig
Saatgutkosten	mäßig	gering	hoch
Heterosis-Nutzung	keine	teilweise	vollständig
Verwundbarkeit	hoch	gering	hoch
Ertragsniveau	hoch	mäßig	sehr hoch
Ertragsstabilität	hoch	sehr hoch	hoch

Im Vergleich der Sortentypen lassen die Hybridsorten durch den Heterosis-Effekt die höchsten Erträge erwarten. Bei der Ertragsstabilität sind nach MIEDANER (2010) die heterogenen Populationen (offen bestäubte Populationssorten, synthetische Sorten) im

Durchschnitt den homogenen Hybriden überlegen und diese wiederum den homozygoten Linien. Aufgrund ihrer großen genetischen Heterogenität sind Populationssorten genetisch weniger verwundbar als die sehr homogenen Linien- und Hybridsorten. Allerdings ist bei Hybridsorten eine sehr intensive Selektion auf spezielle Eigenschaften möglich, welche die Ertragssicherheit erhöhen können. Inzwischen gibt es Hybridsorten, die sich durch Toleranz gegenüber bestimmten Stressfaktoren auszeichnen, wie z. B. Trockentoleranz oder Braunrost-Resistenz.

Die Sortenzüchtung erfordert eine komplexe Abwägung zwischen einer Vielzahl wertbestimmender Eigenschaften (Ertrag, Krankheitsresistenzen, Inhaltsstoffe etc.). Die Entscheidung ist schwierig, weil insbesondere die nicht standardisierbaren Standortfaktoren (Boden und Klima) die Ausprägung der Sorteneigenschaften in großem Maße beeinflussen (MICHEL & PIENZ, 2007 a).

Die Sortenleistung ist nur durch Vergleiche mit anderen Sorten zu erfassen. Die Versuche werden normalerweise durch den Vergleich einer Sorte zu jeweils einer anderen Sorte oder zum Mittel aus mehreren Sorten durchgeführt. Bei diesem Vorgehen bleiben die Wechselwirkungen zwischen Sorte und Umwelt weitgehend unberücksichtigt, und somit werden spezifische Sortenreaktionen nicht erkannt (STEGEMANN, 1995). Zur Überprüfung der einzelnen Sortenleistungen sind daher Versuche zur Genotyp-Umwelt-Wechselwirkung notwendig.

Die relative Bedeutung von Genotyp und Umwelt wird durch die Heritabilität (Erblichkeit) erfasst, die den Anteil der genotypischen Variation an der gesamten Variation angibt. Die Heritabilität liegt zwischen 0 (keine genotypische Variation) und 1 (ausschließlich genotypische Variation). Bei Getreide zeigen die Merkmale Wuchshöhe und Tausendkornmasse eine relativ hohe Heritabilität, dagegen sind die Merkmale Kornertrag und Bestandesdichte (Ähren m^{-2}) aufgrund ihrer geringeren Erblichkeit züchterisch schwierig zu beeinflussen (KÖLSCH et al., 1988). Bei Weizen besteht eine erhöhte Umweltvariabilität der Ertragskomponente Kornzahl je Ähre, die als wesentliche Ursache für jahresspezifische Ertragsunterschiede angesehen werden kann (FEIL, 1997). Beim Winterroggen konnten ca. 50 % der Ertragsvariabilität durch den Witterungseinfluss erklärt werden (CHMIELEWSKI & KÖHN, 2000). In Abhängigkeit von der Jahreswitterung erwiesen sich Kornzahl je Ähre und Bestandesdichte variabler als die Tausendkornmasse (HANSEN et al., 2004).

Das Erscheinungsbild einer Pflanze bezeichnet man als den phänotypischen Wert, welcher das Ergebnis einer genetisch bedingten Reaktionsnorm (genotypischer Wert) unter den jeweils herrschenden Umweltbedingungen ist (MIEDANER, 2010). Der Umwelteffekt kann positiv oder negativ sein und führt dazu, dass der phänotypische Wert über oder unter dem genotypischen Wert liegt. Man unterscheidet zwei Arten von Umweltfaktoren. Die erste Kategorie stellen die sogenannten fixierten Umweltfaktoren dar. Sie sind bereits vor dem Anbau festgelegt und bekannt, wie z. B. klimatische Region, Saatzeit, Saatdichte, Düngungsniveau. Das Auftreten von Interaktionen mit fixierten Umweltfaktoren hat sowohl für die Züchtung als auch für den Pflanzenbau Konsequenzen. Sind die Interaktionen zwischen diesen Faktoren groß, dann ist die Züchtung von Spezialsorten für bestimmte Anbaugebiete oder Anbauweisen interessant. Viel diskutiert wird z. B. die Entwicklung von „low-input Sorten" für einen extensiven Anbau mit reduzierter Düngung (MIEDANER, 2010). Die zweite Kategorie der Umwelteffekte bezieht sich auf die Faktoren mit nicht vorhersagbaren zufälligen Variationen wie z. B. die Jahreswitterung.

Zusammenfassend lässt sich sagen, dass bei der Bewertung von Sorten folgende Aspekte berücksichtigt werden sollten:

1. Eine valide Einschätzung der Sortenleistungen ist nur durch die Überprüfung unter möglichst vielen unterschiedlichen Umweltbedingungen möglich.
2. Für Sortenprüfungen ist die Auswahl geeigneter Standorte wichtig, da verschiedene Klima- und Bodenbedingungen unterschiedlich gut als Standorte für eine Ertragsprüfung geeignet sein können.
3. Die unterschiedlichen Genotyp-Umwelt-Wechselwirkungen ermöglichen die Selektion auf Genotypen mit möglichst geringen Interaktionen; dies lässt auf eine gute Ökostabilität schließen.

Zusätzlich selektieren und prüfen die Züchtungsunternehmen zunehmend das Zuchtmaterial europaweit unter verschiedenen Stressbedingungen. Sorten, deren Ertragsüberlegenheit vor allem bei hohem Ertragsniveau überzeugt, sind anders zu bewerten und zu platzieren als Sorten, die eher unter ungünstigen Standortbedingungen gewinnen (BÖSE, 2006). Daraus resultieren nach einem mehrstufigen Prüfungsverfahren Sortenkandidaten für unterschiedliche Umwelt- bzw. Anbaubedingungen. Ein Beispiel ist die Züchtung frühreifer und begrannter Weizensorten, um die Ertragsstabilität durch Toleranz gegenüber Vorsommertrockenheit zu verbessern (KAZMAN & INNEMANN, 2009).

Getreidepflanzen haben zahlreiche Möglichkeiten entwickelt, um abiotische Stressperioden zu überstehen. Dazu zählen Reaktionen bei den Merkmalen Blühzeitpunkt, Abreifeverhalten, Wurzelsystemgröße, Wassernutzungseffizienz, Akkumulation von osmotisch aktiven Substanzen, Antioxidantien und Proteinen zum Protein- und Membranschutz in Wurzel und Spross (BLUM, 1996; INGRAM & BARTHELS, 1996; CHAVES et al., 2003; CONDON et al., 2004; MOLNAR et al., 2004).

Die limitierte Wasserverfügbarkeit ist einer der bedeutendsten abiotischen Stressfaktoren (PAUK et al., 2009), weil der Trockenstress zu erheblichen Mindererträgen und erhöhter Ertragsvariabilität führen kann (BONFIL et al., 2004). Der sensibelste Zeitraum sind die Monate April bis Juli, da hier eine ausreichende Wasserversorgung sehr wichtig ist (HLAVNIKA et al., 2009). Höhere Temperaturen in diesem Zeitraum führen durch Verkürzung der Entwicklungsphasen zu Mindererträgen (CHMIELEWSKI, 1992). Trotz der Entwicklung und des Einsatzes biotechnologischer Verfahren und molekularer Marker in der modernen Pflanzenzüchtung ist hinsichtlich einer genetisch stabilen Hitze- und Trockentoleranz in Getreidesorten bisher nur begrenzter Erfolg zu verzeichnen (BLUM, 2005; HU et al., 2006; PAUK et al., 2010).

Zum negativen Einfluss von Trockenstress auf die Ertragsvariabilität von Getreide belegt eine Studie von HLAVINKA et al. (2009) die signifikante Korrelation zwischen einem spezifischen Trockenheitsindex und dem Kornertrag. Der Palmer's Z-Index quantifiziert Trockenperioden innerhalb der Hauptvegetationszeit (April bis Juni). Im Ergebnis der Studie reagiert Winterweizen deutlich empfindlicher auf Trockenstress in der Hauptvegetationsperiode als Winterroggen, was sich auch in einer erhöhten Ertragsvariabilität von Winterweizen niederschlägt (HLAVINKA et al., 2009). Winterroggen erreicht im Vergleich zu Winterweizen eine bessere Wurzelleistung (SHENG & HUNT, 1991), zudem zeigt die Witterung einen geringeren Einfluss auf die Ertragsbildung (CHMIELEWSKI & KÖHN, 2000).

Die Wurzelsystemgröße und der Kornertrag von Winterweizen sind unter trockeneren Standortbedingungen positiv korreliert, und verschiedene Sorten unterscheiden sich diesbezüglich signifikant (STREDA et al., 2010). Eine Analyse hinsichtlich des Merkmals Wurzelsystemgröße könnte eine Bewertungsmöglichkeit zur Sorteneignung auf Trockenstandorten bieten.

Die indirekte Bestimmung der Wassernutzungseffizienz mittels spezieller Kohlenstoff-Isotopenmethode (*CID*, carbon isotope discrimination) stellt ebenfalls ein geeignetes

Verfahren zur erweiterten Sortenbewertung in Feldversuchen dar (CONDON et al., 1993; RIZZA et al., 2012). Sorten mit besserer Wassernutzungseffizienz erreichen unter gleichen Trockenstressbedingungen höhere Kornerträge (BLUM, 2005), so dass Rückschlüsse auf eine entsprechende Trockentoleranz gezogen werden können (REBETZKE et al., 2002).

HRSTKOVA et al. (2010) stellten fest, dass es bei trockentoleranteren Weizensorten zu einer schnelleren Aktivierung des *Wdhn13*-Gens kommt. Dieses Gen nimmt eine wichtige Funktion in der Abscisinsäure-Signalkaskade ein. Eine sortenabhängige Konzentration endogener Abscisinsäure und die positive Korrelation zwischen Abscisinsäure-Sensitivität und Trockentoleranz wiesen auch KURAHASHI et al. (2009) nach.

FRIEDLHUBER et al. (2010) untersuchten den Einfluss von Trockenstress auf die Bestandestemperatur und den Ertrag von Winterweizen. Je niedriger die Bestandestemperatur, desto höher war der Kornertrag. Trockentolerante Sorten setzten ihre Transpiration offensichtlich weniger herab als die empfindlichen Sorten, so dass es im Bestand kühler blieb.

Eine zusätzliche Option für die Züchtung und Sortenbewertung ist die Selektion auf Sorten mit erhöhter Toleranz gegenüber UV-B Strahlung. In einer Studie von KATARIA & GURUPRASAD (2012) wurde der negative Einfluss von UV-B Strahlung auf den Kornertrag von Winterweizen und eine signifikant unterschiedliche Sensitivität von Weizensorten festgestellt.

Die Beschreibenden Sortenlisten des Bundessortenamtes enthalten zwar detaillierte Angaben zu den wertbestimmenden Eigenschaften jedoch selten zu den spezifischen Reaktionen einer Sorte auf besondere Anbaubedingungen, weil diese zum Zeitpunkt der Zulassung und Markteinführung meistens noch nicht vorliegen. Hierzu müssten spezielle Sortenversuche unter entsprechenden Umweltbedingungen angelegt werden, die aber erst zeitverzögert reproduzierbare Ergebnisse liefern. Insofern ist es sinnvoll, bereits anhand der bekannten wertbestimmenden Eigenschaften eine Abschätzung der Eignung für spezielle Bedingungen vorzunehmen (MICHEL & ZENK, 2010). Diesbezüglich werden in der offiziellen Sortenbewertung von Sachsen-Anhalt seit dem Jahr 2011 zusätzlich die Ertragsstabilität einer Sorte (HARTMANN, 2011) und in Mecklenburg-Vorpommern die Sorteneignung für Trockenstandorte sowie die Parameter Ökovalenz und Ökoregression (MICHEL & ZENK, 2010) ausgewiesen. Diese geben Auskunft über die Ertragsstabilität einer Sorte und zeigen, ob sie unter ertragslimitierenden Bedingungen noch vergleichsweise überdurchschnittlich abschneidet oder nur auf günstigeren Standorten Spitzenleistungen erbringt. Die Unterschiede zwischen den Fruchtarten Winterroggen und

Winterweizen sind allerdings nach wie vor deutlich größer als die Sortenunterschiede innerhalb einer Art (vgl. Abbildung A 9).

Die züchtungsbedingte Ertragssteigerung bei Winterweizen in Deutschland betrug für den Zeitraum 1987 bis 2008 bei den B-Sorten 0,51 dt ha^{-1} und Jahr (HARTL 2008). Die Steigerung der Ertragsleistung bei den E-Sorten fiel mit 0,45 dt ha^{-1} und Jahr etwas geringer aus. Die C-Sorten lagen bei 0,35 dt ha^{-1} und Jahr. Die Ertragssteigerung war bei den A-Sorten am größten und wurde von HARTL (2008) mit 0,61 dt ha^{-1} und Jahr angegeben. Das heißt, die negative Korrelation zwischen Kornertrag und Proteingehalt im Korn (DEBAEKE et al., 1996; FEIL, 1997) ist nicht mehr so stark ausgeprägt, und die ertragsbetonten A-Sorten haben ein den B-Sorten vergleichbares Ertragspotential erreicht (KAZMAN & INNEMANN, 2009).

Aus diesem Grund werden heute auf 50 bis 55 % der Weizenfläche in Brandenburg vorrangig A-Sorten angebaut. Die Anbauanteile von E- und B-Sorten betragen jeweils ca. 20 % (LELF, 2011 b). E-Sorten werden in Brandenburg vorwiegend auf den guten Böden im Oderbruch und in der Uckermark angebaut, Futterweizen hat nur eine untergeordnete Bedeutung und findet zumeist eine innerbetriebliche Verwertung oder geht in die regionale Direktvermarktung (LELF, 2011 b). In der Beschreibenden Sortenliste sind aktuell 91 Winterweizensorten aufgeführt, davon 87 Liniensorten und 4 Hybridsorten (BUNDESSORTENAMT 2011). Für Winterroggen sind insgesamt 35 Sorten eingetragen, davon 19 Hybridsorten, 12 Populationssorten und 4 synthetische Sorten (BUNDESSORTENAMT 2011). Dies entspricht auch etwa dem derzeitigen Anbauverhältnis der Sortentypen in Brandenburg.

Die Rentabilitätsschwelle des Hybridroggenanbaus gegenüber dem Anbau von Populations- bzw. synthetischen Sorten ergibt sich vorwiegend aus den Ertragsdifferenzen zwischen den Sortentypen. Gegenwärtig erzielen Hybridsorten beim Winterroggen im Durchschnitt 15 bis 20 % höhere Erträge als Populationssorten und eine Ertragsüberlegenheit von 10 bis 15 % gegenüber synthetischen Sorten (LELF, 2010 a). Aufgrund der Mehrerträge wird in Brandenburg bevorzugt Hybridroggen angebaut (vgl. Abbildung A 9). Nur auf den leichtesten Böden liegt der Anteil an Populationsroggen höher, da hier die Ertragsdifferenz etwas niedriger ausfällt (MICHEL et al., 2008).

Der bundesweite Ertragszuwachs betrug für den Zeitraum von 1952 bis 2010 für Winterroggen 0,59 dt ha^{-1} pro Jahr sowie für Winterweizen 0,99 dt ha^{-1} pro Jahr (AHLEMEYER & FRIEDT, 2010). Das mittlere Ertragsniveau im Jahr 2010 für Winterroggen wurde mit 46,3 dt ha^{-1} angegeben, der Roggenertrag in Brandenburg erreichte ein mittleres Ertragsniveau von 39,5 dt ha^{-1} (BMELV, 2010). Für Winterweizen betrug der bundesweite Ertragsdurchschnitt im Jahr 2010 72,5 dt ha^{-1} und lag damit 5 % über dem Ertragsniveau in Brandenburg (BMELV, 2010).

Für Winterroggen und Winterweizen konnte in Brandenburg kein gesicherter Ertragstrend für den Zeitraum von 1999 bis 2011 festgestellt werden. Eine jahresabhängige Ertragsvariabilität der beiden Fruchtarten ist jedoch deutlich zu erkennen (Abbildung 1). Die Ertragsschwankungen fallen im Vergleich der Fruchtarten beim Winterroggen mit einer Standardabweichung von 7,6 dt ha^{-1} tendenziell geringer aus als beim Winterweizen (Stdw = 8,5 dt ha^{-1}) (eigene Berechnungen auf Grundlage der Ernteberichterstattung im Land Brandenburg, 2011).

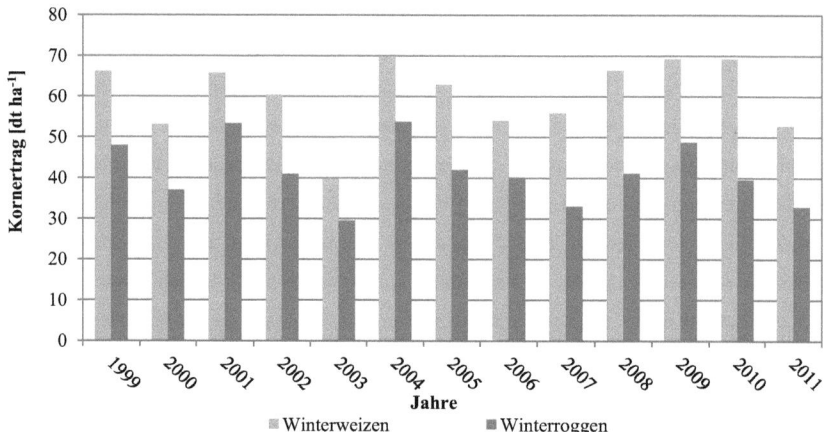

Abbildung 1: Ertragsentwicklung von Winterweizen und Winterroggen in Brandenburg
Quelle: Statistische Ämter des Bundes und der Länder (2011), Erntestatistik

Den fehlenden Ertragstrend bestätigte auch BAUMECKER (2008) für den Standort Thyrow (Brandenburg). Dort stiegen die mittleren Winterroggenerträge von 2000 bis 2008 nicht an. Im Vergleich der Sortentypen erreichten die am Standort Thyrow geprüften Hybridsorten im Mittel der Jahre 2000 bis 2009 einen um 12 % höheren Kornertrag als die Populationssorten (BAUMECKER & ELLMER, 2009).

Auch am Standort Berlin-Dahlem gab es weder für Winterroggen (1953 bis 2010) noch für Winterweizen (1987 bis 2011) einen signifikanten Ertragstrend (vgl. Abbildung A 1 und 36), jedoch eine tendenziell höhere Ertragsvariabilität von Winterweizen im Vergleich zu Winterroggen. Der Populationsroggen erwies sich dabei tendenziell als ertragsstabiler (Ökovalenz: 5,92 %) als die anderen Sortentypen (Abbildung A 3). Hybridroggen (Ökovalenz: 6,37 %) war erwartungsgemäß mit einem mittleren Mehr-ertrag von 14 dt ha^{-1} ertragsstärker (KÖHN, 2012 sowie eigene Berechnungen).

Bei Getreide unterliegen die Kornerträge unter den wasserlimitierten Standortbedingungen in Brandenburg starken, von der Jahreswitterung geprägten Schwankungen (BAUMECKER & ELLMER, 2009). Gesicherte Prognosen zu den Ertragsentwicklungen sind aufgrund der sehr großen Jahreseffekte aus diesem Grund kaum möglich (HARTL, 2008). Ursache für die großen jährlichen Ertragsschwankungen könnten Wetterextreme, wie beispielsweise stark schwankende Niederschlagsverteilung, Starkregenereignisse und Frühsommertrockenheit sein (TRÖMEL & SCHÖNWIESE, 2008).

Eine Veränderung des Witterungsgeschehens im Zuge klimatischer Veränderungen wirkt sich auf Wachstums- und Entwicklungsbedingungen und somit letztendlich auf die Ertragsleistung landwirtschaftlicher Kulturpflanzen aus (FELBERMEIR, 2011). Die Daten der Wetterstation Potsdam zeigen, dass sich seit Anfang des letzten Jahrhunderts die Jahresmittel der Lufttemperaturen um ca. 1 °C erhöhten und es eine tendenzielle Abnahme der Sommer- und eine leichte Zunahme der Winterniederschläge gab (LINKE *et al.*, 2011).

Nach LINKE *et al.* (2011) sind auf Grundlage der Klima-Szenarien die folgenden Klimaveränderungen in Brandenburg zu erwarten:

- Die Jahresmittel der Lufttemperaturen werden sich bis Mitte des Jahrhunderts um mindestens 1 °C erhöhen.

- Am Ende des Jahrhunderts werden diese Werte um ca. 3 °C über denen im Zeitraum 1971 bis 2000 liegen.

- Die Jahresniederschlagshöhe wird sich nicht wesentlich ändern.

- Die Sommerniederschläge werden ab- und die Winterniederschläge zunehmen.

- Die thermische Vegetationszeit wird sich um mindestens drei Wochen verlängern.

- Die Zahl der Sommertage, der heißen und schwülen Tage sowie warmen Nächte wird zunehmen.

- Die Zahl der Eis- und Frosttage wird abnehmen.

(Globalmodell ECHAM 5, SRES-Szenarien A1B)

In der Pflanzenproduktion spielen vor allem die Klimavariabilität und das Auftreten von Witterungsextremen eine bedeutende Rolle für das Ertragsrisiko. Das Beispiel des Jahres 2003 zeigt, dass vor dem Hintergrund des Klimawandels nicht nur die Veränderung mittlerer Klimawerte, sondern nach derzeitigem Erkenntnisstand auch erhöhte Klimavariabilität und insbesondere eine mögliche Zunahme von Witterungsextremen zu erwarten ist (KAZMAN & INNEMANN, 2009; FELBERMEIR, 2011). Simulationen mit Getreide auf leichten Böden lassen auf eine geringere Ertragszunahme für zukünftige Klimaszenarien, eine höhere Sensitivität zur Niederschlagshöhe und -verteilung sowie wesentlich höhere Ertragsvariabilitäten als auf schwereren Böden schließen (EITZINGER, 2005; ASSENG et al., 2011). Bei Prognosen zum Klimawandel und ihren potentiellen Auswirkungen sind allerdings immer die damit verbundenen Unsicherheiten, z. B. Unterschiede der Modelle und Szenarien, zu berücksichtigen.

Die durch den Klimawandel ansteigende Konzentration des atmosphärischen Kohlendioxids kann sich auf Wachstum und Ertrag von Pflanzen auswirken. Eine höhere Kohlendioxidkonzentration steigert bei C 3-Pflanzen die Photosyntheserate und die Wassernutzungseffizienz (SCHALLER & WEIGEL, 2007). Insbesondere die C_3-Pflanzen Winterroggen und Winterweizen könnten davon profitieren. Die möglichen Ertragssteigerungen hängen allerdings auch von der Verfügbarkeit der anderen Ressourcen wie Nährstoffe und Wasser sowie dem Temperaturverlauf ab. Weiterhin können bei Getreidepflanzen auch art- und sortenspezifische Unterschiede in der ertragssteigernden Reaktion auf erhöhte Kohlendioxidgehalte der Luft bestehen.

In der landwirtschaftlichen Praxis wird im Hinblick auf die prognostizierten Klimaveränderungen die Bedeutung von standortangepassten Sortenstrategien zunehmen. Dabei werden vorwiegend Roggen- und Weizensorten gefordert, die auch unter verschiedenen Stresssituationen hohe und stabile Erträge realisieren können (PIEPHO & MÖHRING, 2005). Die Thematik der „Pflanzenbaulichen Anpassung an klimatische Veränderungen unter besonderer Berücksichtigung der Sortenwahl" wird auf Grundlage einer empirischen Studie im folgenden Kapitel dargestellt.

3 Empirische Studie zur Sortenwahl in Nordostdeutschland

Um einen aktuellen und praxisnahen Einblick zu bekommen, nach welchen Kriterien Sorten ausgewählt werden, wie der Klimawandel wahrgenommen wird und dessen mögliche Auswirkung auf die Produktion eingeschätzt wird, wurde eine empirische Studie durchgeführt. Folgende Fragen standen im Mittelpunkt:

- Werden klimatische Veränderungen in der landwirtschaftlichen Pflanzenproduktion wahrgenommen?
- Welche Möglichkeiten der Anpassungsstrategien sehen Fachleute im Bereich der offiziellen Sortenprüfung bzw. Pflanzenzüchtung?
- Welche pflanzenbaulichen Maßnahmen zur Anpassung an klimatische Veränderungen sind in der landwirtschaftlichen Praxis geplant oder bereits umgesetzt?
- Welche Rolle spielt dabei die Sortenwahl und welche pflanzenbaulichen Erwartungen stellen die Landwirte an die zukünftigen Sorten?

3.1 Material und Methoden

Die empirische Studie wurde im Rahmen des Forschungsverbundes Innovationsnetzwerk Klimaanpassung Brandenburg-Berlin (Teilprojekt 8) durchgeführt. Projektpartner waren der Märkische Saatgutverband e. V. und der Landesbauernverband Brandenburg e. V.

Es wurden Experteninterviews mit Fachleuten aus der offiziellen Sortenprüfung und Pflanzenzüchtung sowie eine breit angelegte Praxisumfrage bei Landwirten mittels eines standardisierten Fragebogens durchgeführt. Die Auswertung der Experteninterviews und der Praxisumfrage war auf qualitative Informationsgewinnung ausgerichtet und erfasste hauptsächlich subjektive Eindrücke und Meinungen der Befragten (ATTESLANDER, 2008). Die Praxisumfrage sollte nicht generalisierende Aussagen ermöglichen, sondern vielmehr den Informationsgehalt und die Anschaulichkeit aus Sicht der landwirtschaftlichen Praxis steigern. Aus diesem Grund sind die Ergebnisse nur im Zusammenhang mit den spezifischen Bedingungen der Studie zu sehen. Allgemeingültige Aussagen und weitergehende Ableitungen auf Grundlage der Umfrageergebnisse sind wegen der qualitativen Ausrichtung und der fehlenden statistischen Repräsentanz nicht möglich (KORNMEIER, 2007).

Experteninterviews

Die Experteninterviews sind in Form des informatorischen und rezeptiven Interviews (ATTESLANDER, 2008) durchgeführt worden. Der Kommunikationsstil des Interviewers war beobachtend (LAMNEK, 2005) und der Befragte erzählte aus seiner eigenen Perspektive heraus (keine Prädetermination).

Im Zeitraum von Dezember 2009 bis Mai 2010 wurden Experteninterviews mit Fachleuten der folgenden Einrichtungen bzw. Unternehmen durchgeführt:

- Bundessortenamt (Abteilung Wertprüfung, Referat Getreide)
- Julius Kühn-Institut - Bundesforschungsinstitut für Kulturpflanzen (JKI), (Institut für Resistenzforschung und Stresstoleranz)
- KWS SAAT AG (Fachberatung)
- KWS LOCHOW GmbH (Saatzuchtstation Getreide)
- SAATEN-UNION GmbH (Fachberatung)
- I.G. Pflanzenzucht GmbH (Fachberatung)

Die Interviews fanden anhand eines vorskizzierten Interviewleitfadens im Rahmen eines persönlichen Gesprächs von zwei bis drei Stunden Dauer statt. Zu jedem Interview wurde auf Grundlage umfassender Mitschriften ein Transskript erarbeitet. Das gesamte Datenmaterial wurde klassifiziert und in eine Themenmatrix übertragen mit anschließender Einzelanalyse und weiterführenden generalisierenden Analysen. Um die Richtigkeit der Ableitungen zu überprüfen, wurde an die Auswertung eine entsprechende Kontrollphase angeschlossen.

Praxisumfrage

Neben den Experteninterviews wurde eine breit angelegte Befragung von landwirtschaftlichen Betrieben in Nordostdeutschland mittels standardisiertem Fragebogen durchgeführt. Der Vorteil liegt in der Vergleichbarkeit der Ergebnisse (ATTESLANDER, 2008). Die Zielgruppe waren Landwirte mit Fachkenntnissen und mehrjähriger Erfahrung im Pflanzenbau. Die Aufnahme der Daten erfolgte zum einen per Postversand bzw. Fax und zum anderen auf verschiedenen Veranstaltungen direkt mit den Landwirten. Der Versand per Post und Fax wurde mit Unterstützung des Landesbauernverbands Brandenburg e.V. und des Märkischen Saatgutverbands e. V. durchgeführt. Dabei informierte ein regional angepasstes Anschreiben (Abbildung A) die landwirtschaftlichen Betriebe über das Forschungsvorhaben und den beigefügten Fragebogen.

Der zweiseitige standardisierte Fragebogen (Abbildung A 5 bis 42) umfasste insgesamt 21 Fragen und war in vier Abschnitte untergliedert:

1. Die Fragen im ersten Teil befassten sich damit, ob und wie die Landwirte klimatische Veränderungen wahrnehmen und welche Maßnahmen sie zur Anpassung der Produktion in Betracht ziehen.
2. Im zweiten Teil des Fragebogens wurden verschiedene Aspekte zum Entscheidungsprozess „Sortenwahl" erfragt.
3. Die Fragen des dritten Abschnittes bezogen sich auf Einschätzungen diverser Sorteneigenschaften, auf den Einsatz gentechnisch modifizierter Pflanzen und auf die Entwicklung der Ertragshöhe bzw. -stabilität.
4. Im vierten Teil wurden allgemeine Betriebsangaben abgefragt, die eine Einschätzung der Standortbedingungen, Betriebsstruktur und Anbauverhältnisse ermöglichten.

Der standardisierte Fragebogen wurde mit Hilfe eines Vortests bei sechs Probanden (Landwirte) auf seine Tauglichkeit geprüft. An einigen Stellen wurde eine Anpassung und Präzisierung der Fragestellung vorgenommen.

Der Versand des Fragebogens erfolgte im Zeitraum Juli bis September 2010 an insgesamt ca. 2.600 Landwirte mit Ackerbaukennung in Brandenburg und angrenzenden Regionen. Die Rücklaufquote betrug 6 % (155 Bögen).

Zusätzlich zum Versand wurden in den Monaten Mai und Juni 2010 insgesamt 94 persönliche Befragungen auf folgenden landwirtschaftlichen Fachveranstaltungen durchgeführt (Basis: standardisierter Fragebogen):

- Brandenburgische Landwirtschaftsausstellung, 14. bis 16.05.2010 in Paaren-Glien (n = 38)
- Pflanzenbau-Feldtag, 11.06.2010 in Thyrow (n = 10)
- Feldtag der Deutschen Landwirtschafts-Gesellschaft, 17.06.2010 in Bockerode (n = 38)

Die persönlichen Befragungen auf den drei oben aufgeführten Veranstaltungen wurden von vier Bachelorstudenten der Agrarwissenschaften im Rahmen eines Gruppenstudienprojektes an der Humboldt-Universität zu Berlin unterstützt.

Die erhobenen Daten sind mit dem Programm Microsoft Excel erfasst und ausgewertet worden. Die Ergebnisse der offenen Fragen in der Praxisumfrage wurden als Zitate dokumentiert. Die Antworten auf die geschlossenen Fragen wurden mittels deskriptiver

Statistik als absolute Angaben, Mittelwerte und Relativangaben dargestellt. Die Angaben der Landwirte wurden zudem einer stichpunktartigen Plausibilitätsprüfung unterzogen und ggf. von der Auswertung ausgeschlossen (insgesamt 8 Fragebögen).

Der relativ geringe Rücklauf von 6 % könnte darauf hindeuten, dass die Beantwortung des zweiseitigen Fragebogens zu zeitintensiv erschien. Weiterhin zeigte sich während der persönlich durchgeführten Befragungen, dass die Aspekte zur Gentechnik, neuen Medien, etc. nicht ausreichend mit einbezogen worden waren. Persönliche und sonstige Einflüsse wurden bei der Befragung soweit als möglich vermieden, so dass die Auswertung anonymisiert erfolgte. In Bezug auf die Fehleranalyse muss angemerkt werden, dass der Befragte durch Faktoren wie zum Beispiel Medien, persönliche Verfassung, äußere Bedingungen und letztlich bedingt auch durch den Interviewenden selbst in seinen Antworten unterschiedlich stark beeinflusst wird (FRIEDRICHS, 1980).

3.2 Ergebnisse Experteninterviews

Im Folgenden werden die wichtigsten Ergebnisse aus den Experteninterviews thematisch gruppiert aufgeführt, die zugehörigen Quellenangaben sind in kursiver Schrift angegeben.

<u>Aspekte zur Sortenwahl im Hinblick auf klimatische Veränderungen</u>
„Die prognostizierten Klimaveränderungen für Brandenburg, wie z. B. die rezente Temperaturerhöhung, können negative Auswirkungen auf den Pflanzenbau haben. Das wird zukünftig an das Saatgut- und Sortenwesen höhere Ansprüche stellen und die Komplexität der Sortenstrategien auf landwirtschaftlichen Betrieben erheblich steigern" (*I.G. PFLANZENZUCHT, 2010*).

„Im Zuge des Klimawandels wird auch die Strahlungsintensität zunehmen, was sich durch die Ausbildung von Sonnenflecken bei Weizen und Gerste deutlich negativ auf den Ertrag auswirken kann" (*KWS LOCHOW, 2010*).

„Der prognostizierte Klimawandel kann sich regional sehr verschieden auswirken, wobei in Brandenburg die Trockenperioden im Frühsommer tendenziell weiter zunehmen werden. Hier wird die Trockentoleranz von Sorten an Bedeutung gewinnen. Indirekt kann durch entsprechende Züchtung eine Sorte mit effizienterem Wasserhaushalt eine erhöhte Photosyntheseproduktionsrate erreichen und somit bei entsprechend gleicher Wasserverfügbarkeit mehr Ertrag erbringen" (*JULIUS KÜHN-INSTITUT, 2010*).

„Bei der Trockentoleranz spielen folgende Faktoren eine wichtige Rolle: Blühzeitpunkt, Stomataschluss, Wasserhalte- und Wasseraneignungsvermögen. Die Trockentoleranz sollte als neue Sorteneigenschaft mit in die Wertprüfung und Landessortenprüfung aufgenommen und durch die Einrichtung eines entsprechenden Prüfsystems implementiert werden" (*KWS LOCHOW, 2010*).

„Weiterhin kann man bei der Auswahl entsprechender Fruchtarten bzw. Sortentypen darauf achten, dass die Pflanzen einen geringeren absoluten Wasserbedarf, geringere Evaporation zwischen April und Juli (z. B. Hackfrüchte) und einen besseren Transpirationskoeffizienten (z. B. C 4-Pflanzen, Hybriden) aufweisen. Auch der Anbau von Hybridsorten kann im Hinblick auf die prognostizierten klimatischen Veränderungen positiv sein, da sie über ein höheres Anpassungsvermögen an Umweltbedingungen verfügen und dadurch stabilere Ertragsleistungen erbringen können. Eine Ursache ist die verbesserte Wurzelleistung von Hybridsorten, was zu einem günstigeren Transpirationskoeffizienten und zu einer Steigerung des Harvest-Index führen kann" (*SAATEN-UNION, 2010*).

„Eine sortenangepasste Bestandesführung und die optimale Gestaltung der ackerbaulichen Einflussfaktoren werden im Hinblick auf den prognostizierten Klimawandel an Bedeutung gewinnen. Weiterhin kann der Einsatz von stabilisierten Düngern mit der Frühjahrsfeuchte einen guten Start in die Wachstumsphase ermöglichen. Beim Mais kann auch die Unterfußdüngung Vorteile bieten" (*I.G. PFLANZENZUCHT, 2010*).

„Eine optimal angepasste Pflanzenernährung, mit Stickstoff, Kalium, Phosphor und Mangan, spielt vor allem in Trockengebieten eine wesentliche Rolle. Für Roggen kann auch die Mangan-Beize eine gute Möglichkeit darstellen. Vor allem ist auch darauf zu achten, dass jeder zusätzliche Stress für die Pflanzen möglichst vermieden wird. Hierbei ist die rechtzeitige Schädlings- und Krankheitsbekämpfung sehr wichtig. Weiterhin kann auch der optimal abgestimmte Herbizid- und Wachstumsreglereinsatz entscheidend sein" (*SAATEN-UNION, 2010*).

<u>Aspekte zur Sortenwahl in der landwirtschaftlichen Praxis</u>

„Das Ertragspotential einer Sorte wird unter Praxisbedingungen meist nicht vollkommen ausgeschöpft. Die begrenzenden spezifischen Umwelteinflüsse im Anbaujahr können den Sorteneffekt überlagern. Aber auch agronomische Einflussfaktoren, wie z. B. Arbeitsspitzen, Fruchtfolgegestaltung, Bestandesführung begrenzen die Entfaltung des genetischen Potentials einer Sorte" (*I.G. PFLANZENZUCHT, 2010*).

„In Brandenburg herrschen leichte Böden vor, die nur eine geringe Wasserspeicherkapazität aufweisen. Je leichter der Boden ist, desto höher ist das Stressrisiko für die

Pflanzen. Unter diesen Bedingungen sollten vor allem ökostabile Sorten angebaut werden, die sich durch die Merkmalskombination von absoluter Ertragshöhe und Ertragsstabilität auszeichnen. Die Ertragsstabilität ist allerdings kein alleinstehendes Merkmal, sondern ein Komplex aus verschiedenen Eigenschaften. Hier spielen neben der Stresstoleranz (Vitalität, Frost-, Hitze- und Trockentoleranz) auch die Anzahl und Stabilität der Nebentriebe, die Kompensationsleistung der Kornzahl je Ähre und Tausendkornmasse eine wichtige Rolle. Generell sollte vor allem in Trockengebieten ein integrierter Systemansatz verfolgt werden, bei dem neben der Entscheidung, welche Sorte angebaut wird, auch die Aspekte wie z. B. Fruchtfolge, Düngung, Pflanzenschutz optimal aufeinander abgestimmt werden" (*SAATEN-UNION, 2010*).

„Die Sortenleistung im aktuellen Erntejahr ist oft noch entscheidend für die Sortenwahl auf landwirtschaftlichen Betrieben. Hier spielen längerfristige Faktoren, wie z. B. die Ertragsstabilität, nur eine untergeordnete Rolle. Unter schwierigeren Anbaubedingungen kann das allerdings nachteilig sein" (*I.G. PFLANZENZUCHT, 2010*).

„Die Sortenwahl auf landwirtschaftlichen Betrieben sollte zukünftig noch stärker auf lokaler Ebene bzw. standortspezifisch erfolgen und weniger von allgemeinen, großräumigen Versuchsergebnissen abgeleitet werden. Allerdings wird die Sortenwahl nicht nur auf Basis der klimatischen Einflüsse bzw. Standortbedingungen getroffen, sondern es spielen u.a. auch die Vermarktungs- bzw. Verwertungsrichtung, Preisaspekte, Anbaurichtung (ökologisch, konventionell) eine wesentliche Rolle" (*BUNDESSORTENAMT, 2010*).

„In Zukunft muss die Sortenwahl verstärkt an die standortspezifischen Anbaubedingungen angepasst werden. Die Züchter reagieren mit zunehmend flächendeckenden Sortendemonstrationen in den Regionen, allerdings steht dem gegenüber die Schließung von offiziellen Versuchsstandorten des Landes bzw. des Bundes. So können wichtige Sortenbewertungen wie z. B. Ökostabilität und Trockentoleranz nicht sicher entsprechend der Anbauregionen eingeschätzt werden" (*KWS LOCHOW, 2010*).

<u>Aspekte zur Pflanzenzüchtung und zum Sortenwesen</u>

„Die Pflanzenzüchtung nimmt sich vermehrt des Themas Klimawandel an und verfolgt verschiedene Zuchtansätze, wie z. B. Hitze- und Trockentoleranz, Pathogenresistenz, Nährstoffeffizienz, Feuchteresistenz, Frühsaat-Eignung, früh reifende und begrannte Sorten. Auch Einkreuzungen und Fruchtarten aus anderen Ländern (Asien, Afrika) spielen eine Rolle" (*I.G. PFLANZENZUCHT, 2010*).

„Es wird erforscht, wie die Pflanzen auf witterungsbedingte Stresssituationen reagieren und welche Zusammenhänge bestehen, so dass man die spezifischen Gene identifizieren und durch den Aufbau einer umfassenden Gendatenbank in der praktischen Züchtung die genetische Vielfalt gezielt einsetzen kann. Trockentolerante Maissorten befinden sich derzeit in der Entwicklung und werden in den nächsten Jahren zugelassen" (*KWS SAAT, 2010*).

„Der Lebenszyklus zugelassener Sorten verläuft relativ schnell, so dass nach ca. 8 Jahren nur noch 10 % der ursprünglichen Sorten auf dem Markt bzw. in der Vermehrung sind. Durch den schnellen Sortenwechsel besteht die Problematik, dass die momentanen Sorten nur in den aktuellen 2 bis 3 Jahren und nicht langfristig geprüft werden. Zudem sind durch die lange Zeitspanne zwischen Züchtung und Zulassung die momentan zugelassenen Sorten an die Umweltbedingungen von vor 10 bis 15 Jahren angepasst. Bei der Wertprüfung werden die neuen Sorten an ca. 15 bis 20 bundesweiten Versuchsstandorten angebaut, um die unterschiedlichen Genotyp-Umwelt-Interaktionen zu erkennen. Nur wenn die Sorten auf vielen Standorten und mehrjährig geprüft werden, kann man die Sortenunterschiede von ca. 2 bis 3 % abbilden und statistisch absichern. Die Zusammenarbeit und Netzwerkbildung ist auch beim Bundessortenamt sehr wichtig. Hier bestehen Kooperationen zwischen dem Bundessortenamt, Landesämtern und Forschungsinstitutionen. Die Züchtungsforschung wird vermehrt interdisziplinär und praxisorientiert ausgerichtet, in Form von Netzwerken zwischen Forschung, Wissenschaft, Wirtschaft und Praxis. Neben der Züchtung auf spezifische Merkmale, werden die Sorten in einem Netzwerk europaweiter und auch weltweiter Prüfstationen getestet, um die verschiedenen Umweltbedingungen abzubilden und klimatische Sortenanpassung zu ermöglichen bzw. die Sorten an regionale Bedingungen besser anzupassen. Hierbei spielen neue Technologien eine wichtige Rolle, wie z. B. Genomsequenzierung, Präzisions-Phänotypisierung, Bioinformatik und Datenmanagement" (*BUNDESSORTENAMT, 2010*).

„Die Zusammenarbeit von Bundessortenamt, Landessortenamt, Züchtungsunternehmen und landwirtschaftlicher Praxis ist im Hinblick auf die Anpassung an den prognostizierten Klimawandel essenziell. Eine Möglichkeit wäre der Aufbau einer Datenbank, die alle verfügbaren Versuchsergebnisse zusammenführt und eine umfassende Datengrundlage für die Bewertung der Sortenleistung ermöglicht: Auslesegeneration in Mini-Plots, weitere Leistungsprüfung im Zuchtgarten, anschließende Wertprüfung und Landessortenversuche, aber in Ergänzung zahlreiche Streifenversuche auf landwirtschaftlichen Betriebsflächen, um die Sorten unter Praxisbedingungen in den verschiedenen Regionen zu testen. Ziel ist der Aufbau eines europaweiten Prüfnetzes für ein breites Anbauspektrum, welches aber auch valides Zahlenmaterial für die regionale Sortenbewertung ermöglicht. Der Einsatz von markergestützter Selektion und Dihaploidentechnik wird die Sortenentwicklung beschleunigen und ermöglicht eine breit angelegte Versuchsdurchführung. Damit können drei bis fünf Jahre Entwicklungszeit einspart werden. Zudem wird die Prüfkapazität durch spezielle Stressstandorte erweitert, um die Sortenreaktion auf bestimmte Umweltbedingungen (Frost, Hitze, Trockenheit) zu prüfen" (*SAATEN-UNION, 2010*).

3.3 Ergebnisse Praxisumfrage

Insgesamt nahmen 249 Landwirte aus dem Land Brandenburg und angrenzenden Regionen Nordostdeutschlands an der Praxisumfrage teil. 64 % der Betriebe waren reine Ackerbau- und 36 % Gemischtbetriebe. 11 % der Betriebe waren größer als 2.500 ha, 71 % hatten eine Fläche von 1.000 bis 2.500 ha und 18 % waren kleiner als 1.000 ha. Die meisten Landwirte (94 %) wirtschafteten konventionell, nur 6 % hatten eine ökologische Ausrichtung. Die durchschnittliche Betriebsgröße betrug 1.253 ha, wovon im Mittel ca. 83 % wurden ackerbaulich genutzt wurden. Aus den Angaben zum Standort ergaben sich eine mittlere Ackerzahl von 38 und eine jährliche Niederschlagshöhe von 565 mm. 29 % der befragten Landwirte hatten über 15 Jahre Erfahrung im Ackerbau, 22 % arbeiteten zwischen 5 bis 15 Jahren in der Landwirtschaft und 3 % der Befragten hatten weniger als 5 Jahre Berufserfahrung angegeben.

Die Wahrnehmung klimatischer Veränderungen im Pflanzenbau (Frage 1.1.) bestätigten 95 %. Nur 4 % der Teilnehmer haben keine Veränderungen im Pflanzenbau festgestellt und 1 % der Befragten enthielt sich. Allerdings sind die Landwirte in Bezug auf die Ursachen unterschiedlicher Meinung: Nur 38 % haben definitiv Veränderungen beobachtet und schreiben diese auch dem Klimawandel zu. Weitere 36 % der Befragten bestätigten zwar klimatische Veränderungen im Pflanzenbau, sind sich allerdings bezüglich der Ursachen unsicher. Ein anderer Teil der Landwirte (26 %) hat klimatische Veränderungen wahrgenommen, würden diese allerdings nicht dem Klimawandel, sondern eher normalen Klimaschwankungen zuschreiben. Welche klimatischen Veränderungen von den befragten Landwirten wahrgenommen werden (Frage 1.2.), ist in Tabelle 2 dargestellt.

Tabelle 2: Auswertung der Antworten zu wahrgenommenen klimatischen Veränderungen (Praxisumfrage)

Klimatische Veränderungen	Angaben [%]
Zunahme von Trockenheit und Dürreperioden	29
Zunahme von Hitzeperioden	20
Häufung von Starkregenereignissen	22
Unwetterzunahme (Hagel, Gewitter, Stürme, etc.)	17
Zunahme von Bodenerosion	3
Längere Vegetationsperiode	6
Keine Angaben	3

Quelle: Eigene Erhebung, Praxisumfrage (n = 241)

Frage 1.3. sollte klären, inwiefern die Landwirte in der Praxis auf klimatische Veränderungen reagieren und ob sie ihre Bewirtschaftungsweise anpassen. Von den 241 Landwirten passen 70 % ihre Bewirtschaftungsweise an. 30 % taten dies nicht. Im Folgenden sind die meistgenannten Maßnahmen und den Erläuterungen der Landwirte aufgeführt. Vermehrt wurde auf eine wachsende Bedeutung einer angepassten Fruchtfolge, des Zwischenfruchtanbaus, der Winterbegrünung und auf Untersaaten hingewiesen. Zudem gaben sie an, den Anteil von Sommergetreide in ihrer Fruchtfolge zu reduzieren. Als Grund nannten die meisten die Vorsommertrockenheit.

Ein Thema war auch der Erosionsschutz, z. B. durch eine ständige Begrünung der Ackerfläche. Viele Befragte nannten zudem die Umstellung auf Mulch- und Direktsaat bzw. auf eine nicht wendende Bodenbearbeitung. Teilweise wurde das im Zusammenhang mit dem Ziel der Erosionsvermeidung erwähnt, um die Ertragsfähigkeit der Böden zu erhalten. Anpassungsmaßnahmen im Bereich der Bodenbearbeitung waren u. a. eine bodenschonende, wassersparende und termingerechte Bewirtschaftung. Andere Landwirte schlossen den Pflugeinsatz nicht aus, wollten den Einsatz aber aus verschiedenen Gründen reduzieren.

Die mehrheitliche Meinung war, dass das Wassermanagement nachhaltig verbessert werden müsste. Hier nannten die Landwirte Maßnahmen wie beispielsweise den Bau von Wasserrückhaltesystemen und den Einsatz effizienter Bewässerungstechnik. Weiterhin wurden die Erschließung von Bewässerungsflächen und Stilllegung von wasserfernen Ackerflächen genannt. Auch wurde auf Maßnahmen zur Wasserrückhaltung in der Landschaft durch Renaturierung von Teichen, Tümpeln, den Bau von Drainagen und Söllen hingewiesen. Weitere Ideen waren der Einsatz von Halmstabilisatoren für weniger Wasserverbrauch und der Bioalgeen-Einsatz für mehr Wurzelwachstum.

Frage 1.4 bezog sich auf Aussaat- bzw. Erntetermine. Die Mehrheit meinte, dass die Aussaattermine sowohl bei Sommer- als auch bei Winterfrüchten gleich geblieben seien. Nur ein Teil (bei den Sommerfrüchten 17 % und bei den Winterfrüchten 25 %) gab an, dass sich die Termine nach vorn verschoben hätten. Das gleiche Bild zeigte sich bei den Ernteterminen von Sommer- und Winterfrüchten. Die Mehrheit hatte den Eindruck, dass die Termine gleich geblieben waren. Die Ergebnisse auf diese Frage sind in Tabelle 3 zusammenfassend dargestellt.

Tabelle 3: Angaben zur Verschiebung der Aussaat- und Erntetermine (Praxisumfrage)

Verschiebung der Aussaat- bzw. Erntetermine	Angaben [%]			
	früher	gleich	später	keine Angaben
Aussaat Sommerungen	17	71	10	2
Aussaat Winterungen	25	67	7	1
Ernte Sommerungen	18	73	7	1
Ernte Winterungen	23	69	6	2

Quelle: Eigene Erhebung, Praxisumfrage (n = 231)

Eine Kernfrage war, ob die Landwirte überhaupt glauben, dass man sich unter anderem durch die Wahl einer geeigneten Sorte an die Auswirkungen des Klimawandels anpassen kann. Das Ergebnis der entsprechende Frage (2.1.) war eindeutig: Die Möglichkeit, sich unter anderem durch eine entsprechende Sortenwahl an die klimatischen Veränderungen anzupassen, bestätigten 86 %. Anpassungsstrategien in der Sortenwahl zielen nach Angaben der Befragten vor allem auf robustere und trockentolerantere Sorten ab. Die Wahl stressresistenter, frühreifer und winterharter Sorten wurde dabei von mehreren Landwirten besonders hervorgehoben.

Nach der Verwendung qualitativ hochwertigen Saatgutes wurde in Frage 2.2. gefragt: „Wie hoch ist auf ihrem Betrieb der Anteil von zugekauftem Z-Saatgut?". Insgesamt kauften 70 % zertifiziertes Saatgut zu, 8 % machten keine Angabe.

Die Antworten auf die Frage (2.3.) nach den benutzten Informationsquellen für die Sortenentscheidung sind in Tabelle 4 zusammengefasst. Die Landwirte verließen sich vor allem auf ihre eigenen Erfahrungen, die Landessortenempfehlungen und auf den Austausch mit Fachkollegen. Angaben von Züchterunternehmen oder vom Agrarhandel nahmen nur eine nachgeordnete Stellung ein.

Tabelle 4: Informationsquellen von Landwirten für die Sortenwahl (Praxisumfrage)

Informationsquellen	Angaben [%]				
	unwichtig	nicht so wichtig	wichtig	sehr wichtig	keine Angaben
Landessortenämter	2	9	52	37	0
Züchterunternehmen	5	32	53	9	1
Agrarhandel	10	45	35	9	1
Fachkollegen	2	11	61	25	1
Eigene Erfahrung	0	0	28	71	1

Quelle: Eigene Erhebung, Praxisumfrage (n = 241)

Die Bedeutung verschiedener Sorteneigenschaften im Hinblick auf klimatische Veränderungen (Frage 3.1.) wurde unterschiedlich bewertet (Tabelle 5). Die vier Merkmale Ertragsstabilität, Hitze- und Trockentoleranz sowie Ertragspotential stuften die Landwirte als besonders wichtig ein.

Tabelle 5: Relevanz von Sorteneigenschaften für Landwirte (Praxisumfrage)

Sorteneigenschaften	Angaben [%]				
	unwichtig	nicht so wichtig	wichtig	sehr wichtig	keine Angaben
Trockentoleranz	1	2	44	54	0
Hitzetoleranz	2	12	47	40	0
Schaderregerresistenz	1	18	56	24	1
Auswinterungsneigung	3	14	51	29	2
Standfestigkeit	1	16	61	21	1
Reifeverhalten	3	22	61	15	1
Ertragspotential	2	6	44	46	0
Ertragsstabilität	1	2	44	54	0
Verarbeitungsqualität	3	17	51	29	0

Quelle: Eigene Erhebung, Praxisumfrage (n=241)

Die Teilnehmer wurden gefragt (Frage 3.2.), ob sie unter der Voraussetzung der rechtlichen Zulässigkeit gentechnisch veränderte Sorten anbauen würden, wenn diese Vorteile im Hinblick auf die Anpassung an den Klimawandel erwarten ließen. 56 % der Landwirte befürworteten den Anbau transgener Sorten. Besonders bemerkenswert war, dass zwei von ihnen ökologisch wirtschaften. 14 % sprachen sich dagegen aus und 30 % enthielten sich bei dieser Frage. Ein weiterer Landwirt merkte an, dass er gentechnisch veränderte Pflanzen vor allem im Hinblick auf Schaderreger, Trockentoleranz und Ertragsstabilität einsetzen würde.

Die von den befragten Landwirten am häufigsten angebauten Winterroggen-Sorten im Jahr 2010 waren *Visello* (H), *Minello* (H), *Recrut* (P) und *Palazzo* (H). Beim Winterweizen handelte es sich um *JB Asano* (A), *Akteur* (E), *Potenzial* (A) und *Brilliant* (A). Hybridweizensorten wurden in diesem Zusammenhang nicht genannt.

In den Fragen 3.3. bis 3.6. sollten die Ertragsstabilität und -höhe für Winterroggen und Winterweizen in den letzten 10 Jahren eingeschätzt und die Leistung von Hybridsorten auf dem Betrieb bewertet werden. Die Entwicklung von Ertragsstabilität und Ertragspotential in den letzten 10 Jahren wurde von den meisten sowohl für Winterweizen als auch Winterroggen als neutral eingeschätzt. Etwas mehr als 30 % hatten einen positiven und knapp 20 % einen negativen Trend verzeichnet. Die Leistungsentwicklung von Hybridsorten schätzten die Landwirte für Winterweizen und Winterroggen positiv ein. In der Anbaustrategie würden sie zukünftig vermehrt auch Hybridweizen einsetzten (53 %). Beim Winterroggen bleibt die Mehrheit der Landwirte weiterhin bei Hybridsorten (57 %) bzw. würde diese in Zukunft in ihrer Sortenstrategie vermehrt berücksichtigen (41 %). Wenn es um den zukünftigen Anbau von Hybriden geht, war die mehrheitliche Meinung: Dieser wird in mehr als 40 % aller Betriebe in den nächsten Jahren steigen. Nur wenige (2 bis 3 %) gaben an, dass dieser bei ihnen sinken wird. Die Antworten zu diesem Themenkomplex sind in Tabelle 6 dargestellt.

Tabelle 6: Beurteilung verschiedener Aspekte für Winterweizen und Winterroggen (Praxisumfrage)

Kriterien	Angaben [%]		
	negativ	neutral	positiv
Entwicklung der Ertragsstabilität in den letzten 10 Jahren			
Winterroggen (n = 179)	13	55	32
Winterweizen (n = 216)	23	44	34
Entwicklung des Ertragspotentials in den letzten 10 Jahren			
Winterroggen (n = 180)	17	46	38
Winterweizen (n = 216)	23	44	33
Entwicklung der Leistung von Hybridsorten			
Winterroggen (n = 149)	4	33	63
Winterweizen (n = 92)	4	39	57
Anteil Hybridsorten in der zukünftigen Anbaustrategie			
Winterroggen (n = 154)	2	57	41
Winterweizen (n = 126)	3	44	53

Quelle: Eigene Erhebung, Praxisumfrage

Zusammenfassend kann anhand der Praxisumfrage festgestellt werden, dass klimatische Veränderungen in der pflanzenbaulichen Produktion von 95 % der Landwirte wahrgenommen wurden. Für die Mehrheit der Landwirte stellte u. a. die standortangepasste Sortenwahl eine Möglichkeit zur Anpassung an die klimatischen Veränderungen dar. Bei der Sortenwahl spielten insbesondere die eigene Erfahrung, der Austausch mit Fachkollegen und die offizielle Sortenempfehlung eine wichtige Rolle. In der zukünftigen Anbaustrategie werden dabei hauptsächlich Hybridsorten an Bedeutung gewinnen.

3.4 Diskussion zur empirischen Studie

Die empirische Studie ermöglichte einen aktuellen und praxisnahen Eindruck, nach welchen Kriterien Fachleute und Landwirte die Sortenwahl treffen, wie der Klimawandel wahrgenommen wird und dessen mögliche Auswirkung auf die Produktion eingeschätzt wird.

Die persönliche Einstellung und Sichtweise spielt bei der Wahrnehmung des Klimawandels eine große Rolle. Alle Fachleute in den Experteninterviews ordneten die klimatischen Veränderungen eindeutig dem Klimawandel zu. Die Zuordnung der Ursachen für die klimatischen Veränderungen in der pflanzenbaulichen Produktion fiel in der Praxisumfrage dagegen sehr heterogen aus. 36 % der Landwirte, welche angaben, klimatische Veränderungen wahrgenommen zu haben, waren sich bezüglich der Ursachen unsicher. So antwortete ein Landwirt bei der Praxisumfrage auf der Brandenburgischen Landwirtschaftsmesse am 14. Mai 2010 in Paaren-Glien: „Der Klimawandel muss erst einmal bewiesen, erforscht, belegt werden und im Gedächtnis bleiben, bevor das Wort in aller Munde ist und die Auswirkungen für jeden erkennbar sind".

Ein anderer Teil (26 %) nahm zwar auch klimatische Veränderungen wahr, würde diese allerdings nicht dem Klimawandel, sondern eher normalen Klimaschwankungen zuschreiben. Bei einer Befragung auf den DLG-Feldtagen am 17. Juni 2010 in Bockerode vertrat ein Landwirt folgende Ansicht: „Klimaschwankungen gab es schon immer, mit dem Klimawandel hat das nichts zu tun." Die Meinung wird dadurch begründet, dass es bereits in den vorherigen Jahrhunderten immer wieder Überschwemmungen, kurze aber auch lang anhaltende Winter, Trockenzeiten und heftige Stürme gab. Viele der Befragten unterstrichen ihre Meinung mit Jahreszahlen und Erzählungen aus der Vergangenheit. Dies lässt die Schwierigkeit erkennen, einen klaren Standpunkt zu etwas nicht ganz Greifbarem wie dem Klima einzunehmen. Der Klimawandel und die damit verbundenen Änderungen der klimatischen Bedingungen mögen sich langsam bemerkbar machen. Doch reicht dies für die befragten Landwirte nicht aus, um abzusehen, welche schwer- oder weniger schwerwiegenden Auswirkungen dies für sie nach sich ziehen könnte. Denn schließlich kann man den Erfolg oder Misserfolg eines Erntejahres trotz vieler Prognosen erst an dessen Ende feststellen. Man sollte gerade deshalb die angewandte und praxisnahe

Forschung auf diesem Gebiet verstärken, um den verunsicherten Landwirten hinreichend Hilfestellung anbieten und Aufklärungsarbeit leisten zu können.

Eine Umfrage von MAYER & WIGANKOW (2010) bei 86 Landwirten aus Brandenburg kam zu folgendem Ergebnis: Bei 43 % der Landwirte sorgte der Klimawandel für Verunsicherung, doch nur 1 % schätzten ihr Wissen zu der Thematik Klimawandel als umfassend ein. Die Mehrheit (57 %) fühlte sich zwar gut informiert, allerdings gaben 27 % an, bisher nur eine unzureichende Kenntnis zu haben. Ihr Wissen zum Klimawandel bezogen sie aus den persönlichen Erfahrungen, dem Austausch mit anderen Landwirten, aber auch aus den Medien. In den persönlich durchgeführten Befragungen von Landwirten und in den Experteninterviews wurde ebenfalls deutlich, dass die Interviewten oftmals gut informiert waren. Sie belegten ihre Aussage „Ja, ich nehme klimatische Veränderungen in der pflanzenbaulichen Produktion wahr" mit Fachwissen, beschrieben allgemeine Temperaturverläufe, Niederschlagsverteilungen und -entwicklungen und zogen Vergleiche zu anderen Jahrzehnten.

Welche Bedeutung der Klimawandel für die Landwirte in Brandenburg hat, unterstrich eine Studie am Zentrum für Agrarlandschaftsforschung (UCKERT, 2010). Von insgesamt 239 befragten Landwirten gaben 48 % an, dass sie dem Klimawandel eine hohe Bedeutung zumessen. Für 40 % hatte der Klimawandel eine mittlere und für 12 % nur eine geringe Bedeutung.

Die befragten Landwirte sahen neben negativen jedoch auch positive Auswirkungen, indem sie anhand schriftlicher Anmerkungen auf die Chancen durch den Klimawandel hinwiesen. Als Beispiele führten sie potentiell höhere Erträge durch den „CO_2-Düngeeffekt" und die längere Vegetationsperiode auf. Die Zunahme von Kohlenstoffdioxid in der Erdatmosphäre führt zu erhöhter Photosyntheseleistung der Pflanzen und einer besseren Ausnutzung der knappen Ressource Wasser. Dieser Effekt soll sich nicht nur fördernd auf die Erträge von Winterweizen auswirken, sondern auch zu einer Kompensation trockenstressbedingter Ernteverluste bei Silomais führen (GERSTENGARBE et al., 2003). Zu berücksichtigen ist aber, dass bei ungenügender Stickstoffversorgung dieser Mechanismus nicht mehr greifen kann.

Allerdings überwiegen die Risiken des Klimawandels: Ertragsverluste vor allem durch Trockenheit und Unwetter, aber auch durch das Auftreten neuer Krankheiten, Schädlinge und Unkräuter werden befürchtet. Die Landwirte weisen zudem auf den zusätzlichen Investitionsbedarf für Anpassungsmaßnahmen hin und unterstreichen die Notwendigkeit, dass die Reaktion auf zunehmende Wetterextreme flexibel gestaltet werden muss. Ein Landwirt wies mit seinen schriftlichen Anmerkungen darauf hin, dass ein durchdachtes landwirtschaftliches Risikomanagement von erheblicher Bedeutung ist und er Instrumente wie Versicherungen oder Wetterderivate bewusst auf seinem Betrieb einsetzt.

MUSSHOFF (2006) analysierte in einer Studie unter Verwendung von realen Wetterdaten den risikomindernden Effekt durch den Einsatz von Niederschlagsoptionen. Es zeigte sich, dass Niederschlagsoptionen nur dann effektiv eingesetzt werden können, wenn sich die Referenzwetterstation in unmittelbarer Nähe des Ortes der landwirtschaftlichen Produktion befindet. Das heißt, dass potenzielle Anbieter von niederschlagsbezogenen Versicherungen ein möglichst dichtes Netz von Wetterstationen als Referenzpunkte benötigen.

In der Region Brandenburg ist die Wasserverfügbarkeit auf den sandigen Böden ein limitierender Faktor. In besonderem Maße wird sich die Frühsommertrockenheit negativ auf die Erträge der Feldfrüchte auswirken, weil sie die Wachstums- und Entwicklungsphase verkürzt und zu vorzeitiger Beendigung der Kornfüllung sowie zur Bildung von Schmachtkorn führt. Auch die Häufung von heißen Tagen (Maximum der Lufttemperatur $\geq 30\ °C$, Quelle: DEUTSCHER WETTERDIENST, 2012) wurde von den Landwirten vermehrt wahrgenommen. Diesen Trend zu Trockenheit und Hitze in Brandenburg schätzen die Landwirte demnach als sehr problematisch ein.

"Die Sommer werden trockener und die Winter nasser. Aber wenn es im Sommer mal regnet, dann meist wolkenbruchartig. Diese Starkniederschläge sind gefährlich und werden voraussichtlich ab Mitte des Jahrhunderts sogar ganzjährig deutlich zunehmen. Darauf müssen wir uns frühzeitig und richtig vorbereiten. Das wird nur funktionieren, wenn wir die Folgen des Klimawandels rechtzeitig abschätzen und optimale Anpassungsmaßnahmen entwickeln und umsetzen", erläuterte Paul Becker, der Vizepräsident des Deutschen Wetterdienstes in seiner Rede auf einer Pressekonferenz am 15. Februar 2011 in Berlin.

Die Zunahme von Starkregenereignissen ist demnach eine der negativen Folgen des Klimawandels (WECHSUNG et al., 2008) und wurde in der Praxisumfrage von 22 % der befragten Landwirte bestätigt, wobei auch 17 % auf das häufigere Auftreten von Unwetter (Hagel, Sturm, Gewitter) und 3 % auf die Zunahme von Bodenerosion hinwiesen. Starkregen wird als Niederschlag hoher Dichte je Zeiteinheit (DEUTSCHER

WETTERDIENST, 2012) beschrieben und kann schnell zu Hochwasser oder Überschwemmungen führen, häufig einhergehend mit Bodenerosion.

Ein weiterer Aspekt im Hinblick auf den Klimawandel ist die Länge der Vegetationsperiode, welche für den Pflanzenbau von entscheidender Bedeutung ist (EULENSTEIN, 2010). In der Praxisumfrage bestätigten 6 % der befragten Landwirte und alle Fachleute in den Experteninterviews eine tendenzielle Verlängerung der Vegetationsperiode.

In der Studie von MAYER & WIGANKOW (2010) schilderten 24 % der befragten Landwirte das vermehrte Auftreten bzw. das Auftreten neuer Schädlinge, Krankheiten und Unkräuter auf ihren Ackerflächen. Die Ergebnisse der Praxisumfrage und der Experteninterviews bestätigen diese Einschätzungen. 70 % der befragten Landwirte gaben an, auf klimatische Veränderungen mit entsprechender Anpassung von Maßnahmen zu reagieren. Als konkrete Reaktion auf die klimatischen Veränderungen nannten die befragten Landwirte vor allem wassersparende, reduzierte Bodenbearbeitung, Mulch-, Direktsaatverfahren, Fruchtfolgegestaltung, Winterbegrünung, Zwischenfruchtanbau und effizienter Einsatz von Beregnungstechnik. Das heißt, dass die Landwirte im Systemansatz denken. Das Gesamtbetriebskonzept ist ihnen sehr wichtig, wobei die Fruchtfolgegestaltung und die Bodenbearbeitung die Basis darstellen. In den schriftlichen Anmerkungen wurde unter anderem der politische Einfluss auf die Fruchtfolgeplanung betont. Politische Vorgaben auf die Fruchtfolge müssten alle Wirkungen einer Fruchtfolge beachten, da sonst ihre Funktionen nicht effektiv genutzt werden und es sogar negative Auswirkungen geben könnte. Wird also durch wirtschaftliche Subventionen eine Frucht vermehrt angebaut, kann dies eine Vermehrung von Schädlingen und Krankheitserregern nach sich ziehen. Die Kosten für den Pflanzenschutz steigen und Ertragseinbußen sind möglich.

Die Aussaat- und Erntetermine sind nach mehrheitlicher Meinung der befragten Landwirte gleich geblieben. Nur ein kleiner Teil hatte tendenziell frühere Aussaat- und Erntetermine angegeben. Einige schriftliche Anmerkungen legen nahe, dass dies aber wahrscheinlich nicht nur auf die klimatischen Veränderungen zurückzuführen ist, sondern zum Teil auch in der Entzerrung von Arbeitsspitzen bzw. internen Betriebsabläufen begründet ist.

In einer standortgerechten Sortenwahl sehen 86 % der Befragten eine gute Möglichkeit, sich an die klimatischen Veränderungen anzupassen. Als die vier wichtigsten Sorteneigenschaften einer standortgerechten Sorte nannten die Landwirte Ertragsstabilität,

Hitze- und Trockentoleranz sowie das Ertragspotential. Alle diese Eigenschaften sind polygene Merkmale mit quantitativer Vererbung und somit züchterisch nicht einfach zu bearbeiten sowie mit einem hohen finanziellen Aufwand für die Selektion und Analyse der Genotyp-Umwelt-Interaktionen verbunden (FRIEDT & LINK, 2007). Dennoch ergänzen viele Züchtungsunternehmen die Sortenentwicklung um entsprechende Leistungsprüfung auf Stressstandorten, so dass eine fundierte Einschätzung der Trockentoleranz möglich wird (JULIUS KÜHN-INSTITUT, 2010). Neben der Trockentoleranz war den Landwirten vor allem die Ertragsstabilität sehr wichtig.

Das Zuchtziel Ertragsstabilität ist für die Züchterunternehmen von besonderer Bedeutung, um im vernetzten europäischen Markt konkurrenzfähig zu bleiben. Daher wird die internationale Zusammenarbeit intensiviert. Im Verbund der SAATEN-UNION werden beispielsweise Zuchtstämme sehr früh auf verschiedensten Standorten sowie unter unterschiedlichen Klima- und Anbaubedingungen selektiert. Dabei werden die Zuchtstämme umfangreich auf zahlreichen Zuchtstandorten in Frankreich, England, Polen, Tschechien und Deutschland geprüft. Auf der anderen Seite werden ausländische Sorten in die deutschen Züchtungsprogramme integriert. Dadurch kann die Marktentwicklung von neuen internationalen Sorten beschleunigt werden (SAATEN-UNION, 2011).

In diesem Zusammenhang wiesen die Fachleute in den Experteninterviews auf die Netzwerkbildung bzw. Forschungszusammenschlüsse von Züchtungsunternehmen, Forschungseinrichtungen und offizieller Sortenprüfung auf Bundes- und Landesebene hin. Diese mehrortigen und mehrjährigen Prüfungen zur Ertragsstabilität ermöglichen es, regionale Empfehlungen für die Praxis abzuleiten. Leider geht die Intention der Agrarpolitik in eine andere Richtung, was sich in den letzten Jahren in der Schließung von Prüfstellen niederschlug. Diese Entwicklung wird sich wahrscheinlich in Zukunft noch verschärfen, so dass ein flächendeckendes Prüfsystem mit der Ableitung von regionalen Sortenempfehlungen kaum noch zur Verfügung stehen wird. Eine mögliche Alternative bietet die Zusammenarbeit von Verbänden, Landessortenprüfung und landwirtschaftlichen Betrieben, um ein entsprechendes Versuchsnetzwerk zu etablieren und standortangepasste Sortenleistungen überprüfen zu können.

Die Fachleute empfahlen eine breite Risikostreuung hinsichtlich Pflanzenart, Sorte und Sortentyp. Auch die Landwirte sprachen sich für den Ansatz „Vielfalt statt Einfalt" aus. Die Angabe der angebauten Sorten je Fruchtart zeigte deutlich, dass sie nicht nur auf eine einzelne Sorte setzen, sondern verschiedene Sorten anbauen. Gründe dafür könnten in der

Risikostreuung, unterschiedlicher Vermarktungs- bzw. Nutzungsrichtung des Betriebs, Standortunterschieden, Arbeitsspitzen-Entzerrung bzw. in ökonomischen Beweggründen liegen. Beim Winterweizen und Winterroggen wurden diejenigen Sorten am häufigsten angebaut, die anhand der Landessortenprüfung Brandenburg explizit empfohlen wurden und bundesweit flächendeckend in der Vermehrung standen (BUNDESSORTENAMT, 2011).

Die Mehrheit der Landwirte setzt auch in Zukunft auf Hybridsorten und schätzt deren Leistungsfähigkeit auch unter ungünstigen Witterungsbedingungen positiv ein. Die Landessortenprüfung Brandenburg für den Zeitraum 1992 bis 2009 ergab, dass die Hybridsorten einen Mehrertrag von 13 % (8,9 dt ha^{-1}) gegenüber den Populationssorten erzielten (LELF, 2010 a). Nach FRIEDT & LINK (2007) kann die systematische Nutzung der Heterosis in Form von Hybridsorten mit ihrer tendenziell verbesserten Stresstoleranz eine Schlüsselfunktion auf dem Weg zu klimaangepassten Sorten einnehmen. Dies gilt vor allem für Hybridsorten, die aufgrund hoher genetischer Variation des Ausgangsmaterials im Saatgut vermehrt leistungsbestimmende Gene aufweisen. Das Z-Saatgut von Winterroggen kostet für Populationssorten ca. 49 € dt^{-1} und für Hybridroggen ca. 100 € dt^{-1} (LELF, 2010 a). Auch wenn die Saatgutkosten für Hybridsorten deutlich höher liegen, so scheint der Anbau für die befragten Betriebe gerade im Hinblick auf die klimatischen Veränderungen rentabel zu sein. Die Anbauentscheidung ist allerdings in jedem Fall betriebsspezifisch unter Berücksichtigung des langjährigen Ertragsniveaus am Standort, der Erzeugerpreise und der Saatgutkosten zu treffen. Im Gegensatz zum Winterroggen sind beim Winterweizen bisher nur sehr wenige Hybridsorten zugelassen (BUNDESSORTENAMT, 2011). Daher erstaunt es nicht, dass sich bei der Frage nach dem Anteil von Hybridweizen in ihrer Sortenstrategien 50 % der Befragten enthielten. Hybridweizen scheint zwar eine verbesserte Ertragssicherheit und Stresstoleranz unter ungünstigen Umweltbedingungen zu haben, wird aber wegen der hohen Saatgutkosten und geringen Verfügbarkeit bisher nur begrenzt in Deutschland angebaut. Aufgrund der hohen Vorkosten muss Hybridsaatgut für Winterweizen sehr eng am Bedarf produziert werden. Deshalb wirken sich ungünstige Produktionsbedingungen stärker auf die Verfügbarkeit aus als bei der Vermehrung konventioneller Sorten. Das für die Sterilisation der Mutterlinie notwendige Gametozid *Croisor* ist gegenwärtig nur in Frankreich zugelassen und dort einsetzbar. Aus diesem Grund ist ein länderübergreifender Risikoausgleich bei der Saatgutproduktion noch nicht möglich (ACHLER, 2011).

Der Zukauf von hochwertigem Saat- und Pflanzgut ist zwar aufgrund der Reinheit sowie der besseren Leistungsfähigkeit und Widerstandsfähigkeit gegenüber Krankheiten sehr empfehlenswert, aber preisintensiv. Bei vielen Fruchtarten ist der Nachbau von Linien- bzw. Populationssorten mit selbst erzeugtem Saatgut jedoch zulässig. Der Saatgutwechsel bei Getreide betrug für das Jahr 2010 im bundesweiten Durchschnitt allerdings nur 48 % (BUNDESVERBAND DEUTSCHER PFLANZENZÜCHTER, 2010). Das bedeutet, dass lediglich auf 48 % aller Getreideanbauflächen zertifiziertes Saatgut ausgesät wurde. "Während die Anforderungen von Landwirten an komplexe Resistenzen, Frost- und Trockenstresstoleranzen sowie kontinuierlich steigende Erträge weiter wachsen, stellen wir leider gleichzeitig fest, dass die Bereitschaft sinkt, in das wichtigste landwirtschaftliche Betriebsmittel Saatgut zu investieren", sagt Dr. Carl-Stephan Schäfer (BUNDESVERBAND DEUTSCHER PFLANZENZÜCHTER, 2010). Die Investitionen der Pflanzenzüchter in leistungsstarke, angepasste Getreidesorten werden durch die Erlöse aus dem Verkauf von Z-Saatgut und Nachbaugebühren ermöglicht. Allerdings kann durch geringere Lizenzerlöse auch die Refinanzierung der Züchtungsanstrengungen gerade bei den selbstbefruchtenden Getreidearten wie Winterweizen ausbleiben und somit negative Folgen für den Züchtungsfortschritt nach sich ziehen. Dabei ist die züchterische Verbesserung der Sorten im Vergleich zu anderen betrieblichen Maßnahmen ein immer bedeutsamer werdender Faktor, um Ertragsfortschritt im Getreideanbau zu erzielen. Die befragten Landwirte gaben in der Praxisumfrage allerdings an, 70 % ihres Bedarfs an Saatgut durch den Zukauf von Z-Saatgut und dementsprechend 30 % durch eigenen Nachbau zu decken. Hier besteht offensichtlich eine Diskrepanz zwischen dem ermittelten Durchschnittswert in der Praxisumfrage und der bundesweiten Einschätzung zum Saatgutwechsel. Dieser hohe Wert von 70 % Zukauf von Z-Saatgut in Brandenburg muss demnach im Vergleich zum bundesweiten Wert von 48 % kritisch hinterfragt werden, insbesondere vor dem Hintergrund des begrenzten Stichprobenumfangs in der Praxisumfrage.

Knapp die Hälfte der Landwirte gab an, dass die Entwicklung von Ertragshöhe und Ertragsstabilität für Winterroggen und Winterweizen in den letzten 10 Jahren auf ihrem Betrieb stagnierte. Demgegenüber gab ein Drittel der Landwirte an, dass das Ertragsniveau und die Ertragsstabilität in diesem Zeitraum gestiegen seien. Ob dies auf Anbau von neu entwickelten Sorten mit verbessertem Ertragspotential und weiteren positiven Eigenschaften zurückzuführen ist oder auch auf eine sortenangepasste Bestandesführung, lässt sich aufgrund der Datenlage nicht mit Sicherheit sagen.

Gentechnische Verfahren können die Entwicklungszeit für neue Sorten verkürzen. Die derzeit zugelassenen transgenen Sorten enthalten Resistenzen gegenüber Schaderregern und Pflanzenschutzmitteln sowie Toleranzen gegenüber Sonneneinstrahlung, Hitze, Kälte und temporärem Wassermangel. Gentechnik stellt für die im Rahmen der Praxisumfrage interviewten Landwirte eine Option zur Anpassung an den Klimawandel dar. Über die Hälfte würde die Nutzung der Grünen Gentechnik befürworten, wenn der Anbau in Deutschland legalisiert wäre. Weiterhin wurden auch schriftliche Anmerkungen von den Landwirten beigefügt, in denen die öffentliche Ablehnung der Gentechnik in Deutschland kritisiert wird. Diese Landwirte merkten an, dass sie durch das Verbot des Gentechnik-Einsatzes erhebliche Wettbewerbsnachteile hätten. Vor allem durch die instabile Preisentwicklung der landwirtschaftlichen Erzeugnisse und den starken Konkurrenzdruck durch ausländische Anbieter sähen sie sich gezwungen, sich mit den Möglichkeiten der Gentechnik auseinanderzusetzen. Dagegen stehen 14 % der befragten Landwirte dem Einsatz der Grünen Gentechnik offenbar unschlüssig gegenüber. Genetisch veränderte Sorten anzubauen, zu produzieren und zu vermarkten, stellt ein Risiko dar und setzt die Akzeptanz bei den Verbrauchern voraus. Im Klimakontext ergeben sich aus gentechnischen Verfahren für die Erforschung neuer Sorten scheinbar klare Vorteile. Ob sich diese Vorteile aber auch in der Praxis beweisen, werden entsprechende Anbauversuche zeigen. Allerdings sind in den letzten Jahren verschiedene Freisetzungsexperimente mit gentechnisch veränderten Pflanzen zerstört worden. Als Folge von Protestaktionen der Gentechnik-Gegner sind Freilandversuche oftmals komplett umzäunt und durchgängig bewacht. Der Einsatz Grüner Gentechnik bleibt vorerst unsicher, da weitergehende Forschungsergebnisse abzuwarten und die bundespolitischen Entwicklungen schwer einzuschätzen sind.

Um das steigende Ertragsrisiko im Zuge des prognostizierten Klimawandels zu reduzieren, wurden von den Experten und Landwirten noch weitere Alternativen angesprochen. So könne die Sonnenenergie in großflächigen Gewächshäusern zur Produktion von Gemüse und Feldfrüchten genutzt werden. Ferner böte die Produktion von Energieholz in Kurzumtriebsplantagen Gewinnvorteile im Vergleich zu möglichen anderen Kulturen auf diesen Flächen. Diese Standorte müssten allerdings, für den Anbau von Pappeln, Weiden oder Robinien Grundwasseranschluss in Durchwurzelungstiefe aufweisen. Dies ist jedoch nur auf 12 % der Brandenburger Flächen der Fall (UCKERT, 2010).

Im Ergebnis der durchgeführten empirischen Studie wird deutlich, dass standortangepassten Sortenstrategien eine zentrale Bedeutung in der pflanzenbaulichen Produktion zukommt. Als die vier wichtigsten Sorteneigenschaften wurden Ertragsstabilität, Hitze- und Trockentoleranz sowie Ertragshöhe genannt. Allerdings wird in den öffentlichen Informationsquellen zur Sortenwahl bisher nur selten die Ertragsstabilität einer Sorte in

Form biometrisch eindeutiger Parameter ausgewiesen. In den meisten Fällen wird nur die Leistungsfähigkeit und Qualität einer Sorte betrachtet. Aus diesem Grund wird in den folgenden Kapiteln ein methodischer Ansatz zur Bewertung von Stabilitäts- und Leistungsparametern vorgestellt, welcher anhand verschiedener experimenteller Datengrundlagen näher erläutert wird.

4 Methodik zur Sortenbewertung

Im folgenden Kapitel wird die Sortenbewertung anhand verschiedener methodischer Ansätze und bekannter biostatistischer Verfahren aus der Pflanzenzüchtung vorgestellt. Im Mittelpunkt stehen die Bewertungskriterien zur Ökostabilität, Leistungsfähigkeit und Reaktion auf differenzierte Umweltbedingungen.

Für den Begriff Ökostabilität werden in der Züchtungsforschung und landwirtschaftlichen Praxis verschiedene Synonyme wie z. B. Ertragssicherheit, Leistungsstabilität, Ertragsstabilität, Ertragstreue, Umweltstabilität und phänotypische Stabilität verwendet. Die Ökostabilität setzt sich aus verschiedenen Sorteneigenschaften zusammen, wie z. B. photoperiodisches Verhalten, Spätsaatverträglichkeit, Ausbildung des Wurzelsystems, Widerstandsfähigkeit gegen Krankheiten, Winterfestigkeit, Trockentoleranz, Standfestigkeit und Adaptation an Bodeneigenschaften. Aus diesem Grund ist in vielen Fällen eine indirekte Selektion auf Ökostabilität durch die Auslese auf ertragssichernde Merkmale einfacher zu realisieren. Das Ertragsniveau kommt durch vielfältige Einflüsse zustande und ist von den jeweiligen Umweltbedingungen abhängig. Die Wachstumsbedingungen in einem Feldversuch ändern sich von Tag zu Tag, und sie werden durch die Standorteinflüsse bestimmt. In einem einfaktoriellen Sortenversuch resultieren sie vor allem aus Witterungs- und Bodeneinflüssen, den konstanten Faktoren der Versuchsdurchführung und dem Befallsdruck von Krankheiten und Schädlingen. Da sich außerdem die Ansprüche einer angebauten Sorte im Verlauf des Wachstums und der Entwicklung ändern, lassen sich die erzielten Erträge nur schwer auf bestimmte Einflussgrößen zurückführen. Diese sind vielmehr das Ergebnis der Wirkung aller das Wachstum und die Entwicklung beeinflussenden Faktoren am jeweiligen Standort, von der Aussaat bis zur Ernte. Dies unterstreicht die Notwendigkeit mehrjähriger und mehrortiger Prüfungen, denn nur so kann die Ökostabilität einer Sorte hinreichend bewertet werden. Die exakte Prüfung von Sorten in vielen Umwelten ist allerdings sehr kosten- und zeitintensiv.

Von den modernen Sorten wird erwartet, dass sie unter verschiedenen Klima- und Bodenlagen sowie variablen Kulturbedingungen (z. B. unterschiedliche Saatzeit, Saatdichte, Düngungsintensität, Pflanzenschutzmaßnahmen) keine großen Ertragsschwankungen zeigen. Eine Sorte ist besonders wertvoll, wenn sie anderen Sorten unter den verschiedensten Umweltbedingungen in der absoluten Leistungsfähigkeit überlegen ist. Diese Einschätzungen erfolgen durch Züchter und entsprechende Behörden, die umfangreiche Auswertung von Sortenversuchen mit Hilfe der Varianzanalyse und anschließender Mittelwertvergleiche durchführen. Die Mittelwertvergleiche werden im Allgemeinen durch den Vergleich einer Sorte mit jeweils einer anderen Sorte oder mit dem Mittel aus mehreren Sorten durchgeführt. Wichtig ist, die Wechselwirkungen zwischen Sorte und Umwelt zu berücksichtigen und damit spezifische Sortenreaktionen auf die unterschiedlichen Wachstumsbedingungen transparent zu machen. Im Ausmaß der Wechselwirkungen zwischen Sorte und Umwelt spiegelt sich die unterschiedliche Anpassungsfähigkeit wider. Eine Sorte, die über die einzelnen Umwelten 90 bis 110 % Ertrag bringt, ist demnach günstiger, als eine deren Erträge zwischen 70 bis 130 % streuen. Dabei wird zwischen fixierten und zufälligen Umweltfaktoren (Anbauregion, Düngungsniveau, Saatdichte vs. Jahreswitterung, Krankheitsdruck) unterschieden. Eine Anpassung an fixierte Umweltfaktoren ist mit Spezialsorten möglich, die sich beispielsweise durch besondere Spätsaatverträglichkeit oder Winterhärte auszeichnen.

In der Literatur wird zwischen dem statischen und dem dynamischen Konzept zur Bewertung der Ökostabilität unterschieden (BECKER, 1981). Beim statischen Konzept ist das Maß für die Ökostabilität die Abweichung der Sortenleistungen vom Gesamtmittelwert der Sorte über alle Umwelten. Eine Sorte gilt als stabil, wenn sie unter allen Anbaubedingungen konstante Leistungen aufweist. Dies scheint allerdings nur in seltenen Fällen realisierbar zu sein (MICHEL & ZENK, 2010). Die Anwendung wäre lediglich für Merkmale sinnvoll, die sich unter keinen Umständen ändern dürfen. Dies wird u. U. gefordert für Qualitätsmerkmale, Resistenzen gegen Krankheiten oder Herbizide. Ein weiterer Nachteil des statischen Konzeptes ist die Tatsache, dass es Standorte mit grundlegend unterschiedlicher Produktivität nicht berücksichtigt. Dies ist beispielsweise der Fall, wenn die Ökostabilität einer Sorte am Variationskoeffizienten der Prüfmerkmalsmittelwerte (z. B. Kornertrag) über die Umwelten beurteilt wird. Die umweltbedingten Schwankungen gehen in vollem Umfang in den Variationskoeffizienten ein. Das dynamische Konzept fordert demgegenüber nicht, dass die genotypische Reaktion auf die Umweltbedingungen gleich sein soll. Das Maß für die Leistungsstabilität ist hier die Abweichung der Sortenleistungen von den verschiedenen Umweltmittelwerten. Nach diesem Konzept ist eine Sorte stabil, wenn ihre Leistung dem Ertragspotential der Umweltbedingungen entspricht bzw. wenn sie unter allen Anbaubedingungen eine möglichst gleiche Abweichung zu den jeweiligen Umweltmittelwerten zeigt. Dies kommt in einem geringen Prüffaktor-Umwelt-Wechselwirkungseffekt zum Ausdruck. Die Umweltmittelwerte werden jeweils als Durchschnitt aller Sortenleistungen in einer bestimmten Umwelt errechnet und als Maß für die Produktivität dieser Umwelt angesehen. Zahlreiche Methoden zur Einschätzung der Ökostabilität bzw. der Genotyp-Umwelt-Wechselwirkungsanalyse beruhen auf dem dynamischen Konzept der Stabilitätsanalyse.

Je nach Forschungsansatz gibt es verschiedene Verfahren zur Bewertung der Leistungsfähigkeit und der Ökostabilität. In der vorliegenden Arbeit wurden folgende biometrische Methoden zur Sortenbewertung verwendet: Varianzanalyse, Ökoregression, Ökovalenz, Floating Checks sowie Korrelation und Regression.

4.1 Ökoregression

Die Ökoregressionsrechnung stammt aus der Züchtungsforschung und hat das Ziel, die sortenspezifische Reaktion auf variable Umweltbedingungen zu erfassen. Dabei wird in einer genügend großen Versuchsserie der spezifische Umweltmittelwert unter Berücksichtigung der Prüffaktoren als Maß der Wachstums- und Entwicklungsbedingungen aufgefasst (EBERHART & RUSSEL, 1966).

Die Durchführung einer linearen Regressionsanalyse ermöglicht es, die Wirksamkeit der Standorteinflüsse auf die einzelne Sorte indirekt zu analysieren. Dabei werden die Sortenmittelwerte je Umwelt als Funktion der Umweltmittelwerte betrachtet. Die Umweltmittelwerte werden als Index für die jeweiligen Standortbedingungen (Boden und Witterung) genutzt. Das genetische Ertragspotential einer Sorte und die Wachstumsbedingungen bestimmen den Ertrag. Je unterschiedlicher die Wachstumsbedingungen eines Standortes sind, desto stärker variiert der Ertrag zwischen den Sorten. Die Wirkung der Wachstumsbedingungen spiegelt sich im Mittelwert des geprüften Sortiments je Standort gut wider.

Als Index für die Abstufung der jeweiligen Umweltverhältnisse von ungünstigeren Bedingungen bis zu Optimalbedingungen kommen die adjustierten Versuchsmittelwerte zur Anwendung. In der Ökoregression wird daher der Mittelwert des geprüften Sortiments je Ort als x-Variable und der Ertrag der einzuschätzenden Sorte als y-Variable verwendet (FINLAY & WILKINSON, 1963). Im Durchschnitt aller Sorten ist der Anstieg der Regressionsgeraden *per definitionem* $b = 1$. Das bedeutet, mit einem Anstieg des Versuchsniveaus um z. B. 10 dt ha^{-1} Kornertrag steigen auch die Sortenleistungen im Mittel um 10 dt ha^{-1}. Nur für eine geringe Anzahl Sorten sind sehr markante Abweichungen vom mittleren Verhalten zu erwarten ($b \leq 0,8$ bzw. $b \geq 1,2$).

4 Methodik zur Sortenbewertung

Für die fachliche Interpretation sind der Regressionskoeffizient b (Reaktionsparameter), die Lage der Regressionsgeraden und das Stabilitätsmaß s^2 von Interesse. Zur Beurteilung der Stabilität wird das Stabilitätsmaß s^2 herangezogen. Es gibt Auskunft über die Streuung der Sorte um die Regressionsgerade (Abweichungsquadratsumme) und ist das eigentliche Stabilitätsmaß, welches die Ertragssicherheit der Sorte charakterisiert (FINLAY & WILKINSON, 1963). Je geringer die Abweichungsquadratsumme (Stabilitätsparameter s^2) einer Sorte ist, desto stabiler ist diese. Der Verlauf, der Anstieg (Regressionskoeffizienten) und die Lage der sortenspezifischen Regressionsgeraden charakterisieren spezielle Umweltreaktionen der Sorten.

Die in Abbildung 2 beispielhaft dargestellten Sorten reagieren zwar auf unterschiedlichem Leistungsniveau, aber die Zu- oder Abnahme der Sortenleistung als Reaktion auf veränderte Umweltbedingungen erfolgt in die gleiche Richtung wie das Umweltmittel.

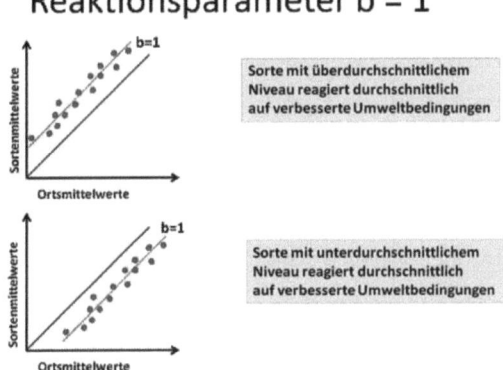

Abbildung 2: Ökoregression bei einem Reaktionsparameter b = 1
Quelle: Eigene Darstellung in Anlehnung an EBERHART & RUSSEL (1966)

Als ökostabil wird aus diesem Grund eine Sorte mit einem Regressionskoeffizienten nahe b = 1 betrachtet. Prüfglieder (Sorten), die auf Umwelten anders als das Sortiment reagieren und auf bestimmten Standorten ertragreicher als das Sortiment sind, zeigen einen Regressionskoeffizient b ≠ 1 (Abbildung 3).

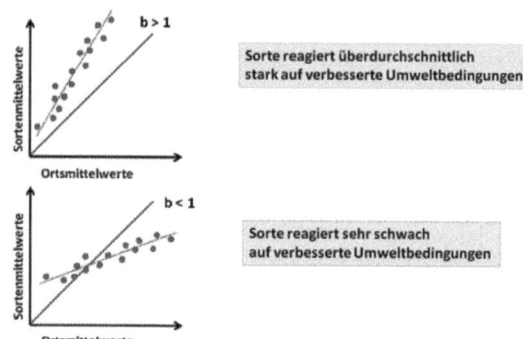

Abbildung 3: Ökoregression bei einem Reaktionsparameter b ≠ 1
Quelle: Eigene Darstellung in Anlehnung an EBERHART & RUSSEL (1966)

Dabei reagieren einzelne Sorten in einer Umwelt mit Leistungszunahme, andere hingegen mit Leistungsabnahme. Fallweise ergeben sich zwei Möglichkeiten. Im ersten Fall bleibt die Rangordnung der Sorten in den verschiedenen Umwelten unverändert, jedoch ist die Reaktion auf veränderte Umweltbedingungen unterschiedlich und es kommt nur zu einem sogenannten „scale effect". Im zweiten Fall zeigen die Sorten stärkere Unterschiede in der Reaktionsrichtung auf veränderte Umweltbedingungen. Daher kann sich die Rangordnung der Sorten verändern bzw. die sortenspezifischen Regressionsgeraden kreuzen sich („cross-over interaction").

Mit b > 1: Der Genotyp erbringt auf gutem Standort deutlich höheren Ertrag und auf schlechtem Standort deutlich niedrigeren Ertrag als das Sortiment (Ortsmittel). Dieser Genotyp wird für bessere Umweltbedingungen empfohlen.

Mit b < 1: Der Genotyp erbringt auf schlechtem Standort deutlich höheren und auf gutem Standort deutlich niedrigeren Ertrag als das Sortiment. Deshalb wird diese Sorte für schlechtere Umweltbedingungen empfohlen.

Das Ertragsniveau der Versuchsorte ist ein Maßstab für die Gunst der Umweltbedingungen. Es ist hoch bei günstigen und niedrig bei ungünstigen Anbaubedingungen. Die Sorten reagieren auf die unterschiedlichen Anbaubedingungen differenziert. Durch die Darstellung der Abweichung der Erträge der einzelnen Sorten von den Sortimentsmittelwerten in Abhängigkeit vom Ertragsniveau der Versuchsorte ist es möglich, das voneinander abweichende Ertragsverhalten der einzelnen Sorten zu kennzeichnen. Die

Auswahl einer für den Anbau an einem Standort besonders geeigneten Sorte wird dadurch erschwert, dass die Ertragsdifferenzen zwischen den Sorten mit dem höchsten und derjenigen mit dem niedrigsten Ertrag je Ertragsniveau eines Standortes beträchtlich sind. Deshalb hat auf Standorten mit geringerem Ertragsniveau die Sortenwahl relativ größere ökonomische Auswirkungen als auf solchen mit einem hohen Niveau zur Folge. Für die Auswahl sind vor allem solche Sorten von Relevanz, deren Erträge über den Sortimentsmittelwerten liegen. Für diesen Fall ergeben sich die in Tabelle 7 ausgewiesenen Möglichkeiten.

Tabelle 7: Mögliche Fälle für den Verlauf von Regressionsgeraden oberhalb des Umweltmittels

Regressionsgerade im Vergleich zum Umweltmittel	Verlauf der Regressionsgeraden		
	parallel	ansteigend	abfallend
Vollständig über Umweltmittel	A	D	E
Teilweise über Umweltmittel	-	F	G

Quelle: modifiziert nach STEGEMANN (1995)

Im Fall A weist eine Sorte hohe Erträge auf und reagiert auf veränderte Umweltbedingungen ähnlich wie das Gesamtsortiment bzw. Umweltmittel (Reaktionsparameter nahe b = 1). Damit besitzt diese Sorte nach BÄTZ (1984) eine hohe Ökostabilität und erbringt unter verschiedenen Umwelten sichere und hohe Ertragsleistungen. Demgegenüber sind Sorten, die den Fällen E oder G zuzuordnen sind, vor allem für Orte mit schlechteren Anbaubedingungen geeignet, da sie in der Lage sind, ungünstige Umweltbedingungen besser zu kompensieren. Sorten der Fälle D und F sind vor allem für den Anbau unter besseren Anbaubedingungen empfehlenswert sind, da sie die günstigen Umweltbedingungen besser auszunutzen und in Ertrag umsetzen können.

Einschränkend muss betont werden, dass alleine durch den Parameter Ökoregression noch keine ursächlich eindeutige Wirkung gefunden ist, wodurch z. B. ein sehr geringes Ertragsniveau in einem Versuch begründet war. Hier können ergänzend durch Einzelversuchsanalysen meist konkretere Bezüge auf die tatsächliche Ursache gefunden werden.

4.2 Ökovalenz

Die Ökovalenz geht auf WRICKE (1962) zurück und ist eine Maßzahl für die Ökostabilität einer Sorte, aus der sowohl Aussagen zur Stabilität der Merkmalsausprägung von Sorten als auch Einschätzungen verschiedener Umwelten abgeleitet werden können. Ausgehend vom Prüffaktor-Umwelt-Modell werden die Wechselwirkungseffekte Sorte-Umwelt geschätzt, die dann quadriert und über die Stufen des jeweils anderen Faktors summiert den Anteil der Sorte bzw. Umwelt an der Wechselwirkungs-SQ ausmachen.

Berechnung der Ökovalenz nach THOMAS (2006):

1. Schätzung der Wechselwirkungseffekte

$$su_{ij} = \bar{y}_{ij} - \bar{y}_{i.} - \bar{y}_{.j} + \bar{y}_{..}$$

2. Summe der Abweichungsquadrate über die Umwelten

$$Ökoval(s_i) = \sum_{j=1}^{b}(su_{ij})^2$$

2. Variationskoeffizient der Ökovalenz

$$s\%(ÖVSorte_i) = \sqrt{\frac{Ökoval(s_i)}{b-1}} \times \frac{100}{\bar{y}_{i.}}$$

Legende: i = 1 ... a Prüfglieder und j = ... b Umwelten

Dieser Variationskoeffizient der Ökovalenz gibt an, inwiefern ein ausgewähltes Merkmal, wie z. B. der Kornertrag, differenziert auf verschiedene Umwelten reagiert. Der Variationskoeffizient ermöglicht eine Beurteilung der Ökovalenzen und einen Vergleich über mehrere Sorten oder Umwelten (THOMAS, 2006). Einzelpflanzen weisen häufig höhere Variationskoeffizienten auf als Merkmale aus Feldversuchen, welche in Versuchseinheiten erfasst werden und sich aus mehreren Pflanzen zusammensetzen.

Je kleiner die Ökovalenz einer Sorte ist, desto größer ist ihre Ökostabilität. Je größer die Ökovalenz ist, desto stärker ist der Umwelteinfluss auf die Sortenleistung. In Tabelle 8 ist die Skalierung nach BÄTZ (1984) dargestellt, auf Grund derer eine einfache Beurteilung der Variationskoeffizienten möglich ist.

Tabelle 8: Bewertung der Ökovalenz

s% (ÖV)	Bewertung
≤ 2,5	sehr gering
> 2,5 bis 5,0	gering
> 5,0 bis 7,5	mittel
> 7,5 bis 10,0	hoch
> 10,0	sehr hoch

Quelle: BÄTZ (1984)

In vielen Fällen liegen Versuchsfehler vor, wenn im Feldversuch mit landwirtschaftlichen Nutzpflanzen Bestände auf ausreichend großen Parzellen etabliert sind und dennoch Ökovalenzwerte von s% (ÖV) > 10 auftreten (RICHTER, 2004). Hohe Koeffizienten können darauf hindeuten, dass die Wechselwirkungseffekte nicht nur durch spezielle Umweltreaktionen verursacht wurden, sondern auf systematische und zufällige Fehler zurückzuführen sind.

Die Erzielung einer stabilen und guten Merkmalsausprägung besitzt meist nur dann einen praktischen Nutzen, wenn mit ihr ein hohes Leistungsniveau verbunden ist. HAUFE & GEIDEL (1978) haben die Prüfung von Zuchtmaterial mittels Kombination von Ökoregression und Ökovalenz wie folgt beurteilt (Abbildung 4).

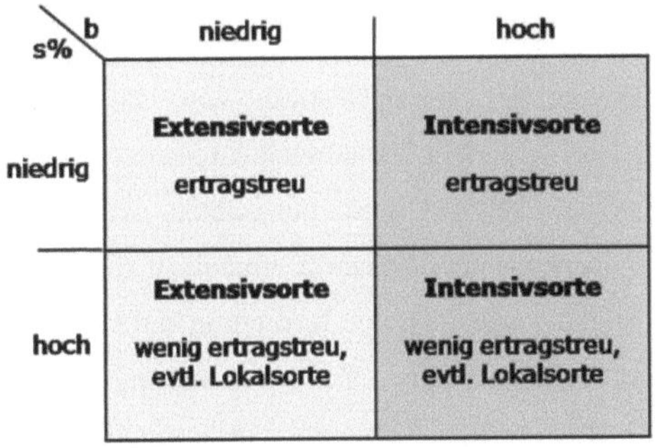

s% \ b	niedrig	hoch
niedrig	**Extensivsorte** ertragstreu	**Intensivsorte** ertragstreu
hoch	**Extensivsorte** wenig ertragstreu, evtl. Lokalsorte	**Intensivsorte** wenig ertragstreu, evtl. Lokalsorte

Abbildung 4: Beurteilung der Sortenleistung nach dem Regressionsmodell
Quelle: Eigene Darstellung in Anlehnung an HAUFE & GEIDEL (1978)

Als Kriterien für leistungsfähige und stabile Sorten nutzten sie die Häufigkeit, mit der die Bedingungen $b > 0,8$ und $s\%$ (ÖV) $< 7,5$ erfüllt waren. Regressionskoeffizienten mit $b < 0,8$ weisen darauf hin, dass die Sorte höhere Relativerträge bei ungünstigeren Bedingungen erbringen kann, aber nicht in der Lage ist, günstige Bedingungen voll auszunutzen (Extensivsorte). Sorten mit einem Regressionskoeffizienten von $b > 1,2$ benötigen zur Entfaltung ihrer vollen Leistungsfähigkeit günstige Umweltbedingungen und weisen vergleichsweise höchste Relativerträge unter Optimalbedingungen auf (Intensivsorte).

4.3 Floating Checks

Neben den klassischen Stabilitätsparametern wurden auch von praxisorientierter Seite einige Parameter nach dem dynamischen Konzept entwickelt, wie z. B. die Rangsummenmethode von KANG (1988) oder die Floating-Checks-Methode von

JENSEN (1976). In der Floating-Checks-Methode, welche die potentielle Leistungsfähigkeit eines Merkmals bewertet, werden für alle Umwelten die Sorte mit der höchsten Leistung bestimmt und anschließend ein Mittelwert aus diesen Höchsterträgen berechnet. Der Mittelwert wird gleich 100 % gesetzt. Die Sortenmittelwerte über alle Umwelten werden ins prozentuale Verhältnis zum durchschnittlichen Höchstertrag gesetzt. Je mehr sich eine Sorte dem Wert 100 % nähert, desto höher ist ihre Leistung über alle Umwelten und im Vergleich zum geprüften Sortiment.

4.4 Anteile der Prüffaktoren an der Merkmalsvariabilität

Die Variabilität der Merkmalswerte wird durch die Prüffaktoren Sorte, Umwelt (Orte, Jahre), deren mögliche Interaktionen sowie durch sonstige Einflüsse (Zufallsvariabilität, Reststreuung) verursacht. Von Interesse ist, wie groß die jeweiligen Anteile an der Gesamtvariabilität sind. Im Rahmen der Varianzanalyse wird die Variation der Merkmalswerte in ihre Streuungsanteile zerlegt, die durch die genannten Variationsursachen hervorgerufen werden (THOMAS, 2006). Die Streuungsanteile werden als Summe der Abweichungsquadrate (SQ) ausgewiesen. Weiterhin ermöglicht das Verfahren, die Anteile der Variationsursachen an der Variabilität von Kornertrag und Ertragskomponenten aufzuschlüsseln und zu quantifizieren. Zur Bestimmung der relativen Variationsanteile werden die SQ der jeweiligen Variationsursache zur Gesamtsumme SQ Total (= 100%) ins Verhältnis gesetzt. Von der Größe der SQ-Werte kann aber nicht ohne weiteres auf eine Signifikanz geschlossen werden, da hier die Freiheitsgrade (Faktorstufenanzahl, Stichprobenumfang) noch nicht berücksichtigt sind. Aus diesem Grund wird anschließend ein F-Test der mittleren Abweichungsquadrate (MQ-Werte) durchgeführt ($\alpha \leq 0{,}05$).

4.5 Ertragsleistung in Abhängigkeit von der klimatischen Wasserbilanz

Die Parameter Ökoregression und Ökovalenz geben keinen direkten Aufschluss darüber, wie bestimmte Sorten auf witterungsbedingte Einflüsse reagieren. Um die Sortenreaktion zielgerichtet mit den Witterungsbedingungen innerhalb der ertragsentscheidenden Entwicklungsphasen in Beziehung zu setzen, kann die klimatische Wasserbilanz herangezogen werden. Besonders in den Monaten April bis Juni ist eine ausreichende Wasserversorgung für die Getreidebestände sehr wichtig (HLAVNIKA et al., 2009). Der Kornertrag von Winterroggen wird in diesem Zeitraum signifikant von der Evapotranspiration (CHMIELEWSKI & KÖHN, 2000), dem Niederschlag und der Temperatur beeinflusst (CHMIELEWSKI, 1992). Die klimatische Wasserbilanz berechnet sich aus der

Differenz zwischen Niederschlagshöhe und Höhe der potentiellen Verdunstung an einem bestimmten Ort und während einer bestimmten Zeitspanne.

Neben dem Niederschlag ist die potentielle Verdunstung eine der wichtigsten Basisgrößen für die hydroklimatische Beschreibung von Standorten. Sie gibt Näherungswerte für die maximale Verdunstungshöhe von Oberflächen unter gegebenen Witterungsbedingungen und für einen als unbegrenzt angenommen Wasservorrat an. Die Abschätzung der potenziellen Verdunstung erfolgt mithilfe empirischer Formeln auf der Grundlage meteorologischer Messdaten. Fällt mehr Niederschlag als wieder verdunstet, ist die klimatische Wasserbilanz an einem Ort positiv. In weiten Teilen Ostdeutschlands war von 1961 bis 1990 die klimatische Wasserbilanz wegen der hohen Verdunstungsraten im Frühjahr und Sommer negativ (DEUTSCHER WETTERDIENST, 2011).

In Abhängigkeit von der Verfügbarkeit von Wetterdaten gibt es verschiedene Berechnungsverfahren für die potentielle Evapotranspiration. In der vorliegenden Arbeit wurde das HAUDE-Verfahren zur Berechnung der potentiellen Evapotranspiration verwendet. Dieses Verfahren basiert auf der Beziehung zwischen potentieller Evapotranspiration und dem Sättigungsdefizit der Luft zur Mittagszeit (14 Uhr). Das Verfahren eignet sich für die Berechnung von Monatssummen der Verdunstung.

Berechnung der potentiellen Evapotranspiration nach HAUDE (1955):

$$ETp_{Haude} = k \times e_s \times \left(1 - \frac{F}{100}\right)$$

$$e_s = 6{,}11 \times e^{\left(\frac{17{,}62 \times T}{243{,}12 + T}\right)}$$

Legende: ETp_{Haude} potentielle Evapotranspiration [mm d^{-1}]
        k   HAUDE-Faktor [-]
        e_s Sättigungsdampfdruck um 14:00 Uhr [hPa]
        F   Relative Luftfeuchte [%]
        T   Lufttemperatur um 14:00 Uhr [°C]

Der Wasserbedarf der betrachteten Fruchtarten und der spezifischen Bestandesentwicklung spielt bei Abschätzungen der potentiellen Evapotranspiration eine wesentliche Rolle (GERSTENGARBE et al., 2003). Mit Hilfe des zeitabhängigen HAUDE-Faktors ist eine Anpassung der Gleichung an unterschiedliche Zeiträume und Fruchtarten möglich (Tabelle 9). Dies ist ein wesentlicher Grund für die weite Verbreitung dieses Ansatzes.

Tabelle 9: HAUDE-Faktor für Winterweizen und -roggen für verschiedene Monate

Fruchtart	Monat			
	April	Mai	Juni	Juli
Winterweizen	0,26	0,34	0,38	0,34
Winterroggen	0,30	0,38	0,36	0,28

Quelle: LÖPMEIER (1994)

Es muss allerdings darauf hingewiesen werden, dass einige wichtige Faktoren, wie der Vorrat an Bodenwasser und dessen Verfügbarkeit, bei diesem Verfahren nicht berücksichtigt werden.

5 Experimentelle Basis und Ergebnisse

Im Folgenden werden die experimentelle Basis sowie ausgewählte Versuchsergebnisse und Berechnungen zur Sortenbewertung von Winterroggen und Winterweizen dargestellt. Die Sortenbewertung basiert hauptsächlich auf den Kriterien Ökostabilität und Leistungsfähigkeit unter spezifischen Standort- und Witterungsbedingungen der Region Brandenburg. Dazu wurden experimentelle Daten aus drei verschiedenen Quellen mit biostatistischen Verfahren ausgewertet.

5.1 Mehrjähriger und mehrortiger Sortenversuch

Der mehrjährige Sortenversuch, nachfolgend Ringversuch genannt, wurde in den Jahren 2000 bis 2004 auf vier Versuchsstandorten der Humboldt-Universität zu Berlin durchgeführt. Ziel war es, die Anbaueignung, Ertragsleistung und Ertragssicherheit verschiedener Sorten von Winterroggen und Winterweizen unter verschiedenen Standortbedingungen in der Region Brandenburg-Berlin zu evaluieren.

5.1.1 Material und Methoden

Der Ringversuch bezieht sich auf vier Versuchsstandorte der Humboldt-Universität zu Berlin: Berge (Landkreis Havelland), Blumberg (Landkreis Barnim), Thyrow (Landkreis Teltow-Fläming) und Berlin-Dahlem. Die vier Versuchsstandorte liegen im norddeutschen Tiefland und werden dem feucht-temperierten Klima von Westeuropa zugeordnet (KÖPPEN, 1936). Die Angabe der Jahresmitteltemperatur und jährliche Niederschlagshöhe zur Beschreibung der Versuchsstandorte bezieht sich im Folgenden auf die langjährigen Standortmittel von 1971 bis 2000.

Im Landkreis Havelland befindet sich auf 40 m über NN, ca. 40 km nordwestlich von Berlin gelegen, der Versuchsstandort Berge (Tabelle 10). Die Versuchsschläge in Berge sind durch eine Ackerkrume aus mittel lehmigem Sand und eine mittlere Ackerzahl von 40 gekennzeichnet. Das Jahresmittel der Lufttemperatur liegt bei 10,0 °C und die jährliche Niederschlagshöhe beträgt 553 mm. Die Niederschlags- und Lufttemperaturwerte für den Versuchszeitraum 2000 bis 2004 am Versuchsstandort Berge sind im Tabelle A 1 dargestellt.

Tabelle 10: Standortbeschreibung des Versuchsstandortes Berge

Parameter	Daten
Naturraumeinheit	Nauener Platte
Mittlere Ackerzahl	40
Bodentyp	Sandlehm-Parabraunerde
Substrattyp	Sand über Lehm
Bodenart	Mittel bis stark lehmiger Sand
Ton (%)	8,3
C_{org} (%)	1,0
Nutzbare Feldkapazität (Vol.-%)	12,4

Quelle: KÖHN (2002)

Auf der Barnimhochfläche nordöstlich Berlins (Landkreis Barnim) befindet sich der Versuchsstandort Blumberg (80 m über NN). Der Standort Blumberg ist durch schwach lehmigen Sand in der oberen Bodenschicht (mittlere Ackerzahl 35) gekennzeichnet (Tabelle 11). Die jährliche Niederschlagshöhe beträgt durchschnittlich 612 mm und die Jahresmitteltemperatur liegt bei 10,1 °C. Die Niederschlags- und Lufttemperaturwerte für den Versuchszeitraum 2000 bis 2004 am Versuchsstandort Blumberg sind im Tabelle dargestellt. Am Versuchsstandort Blumberg ereignete sich im Juni 2002 ein starkes Hagelereignis, was den Pflanzenbeständen auf den Versuchsschlägen erheblichen Schaden zufügte. Aus diesem Grund können diese Versuchsergebnisse beider Fruchtarten nicht in die Auswertung einbezogen werden.

Tabelle 11: Standortbeschreibung des Versuchsstandortes Blumberg

Parameter	Daten
Naturraumeinheit	Barnimhochfläche
Mittlere Ackerzahl	35
Bodentyp	Pseudovergleyte Fahlerde
Substrattyp	Sand über Lehm
Bodenart	Mittel schluffiger bis mittel lehmiger Sand
Ton (%)	7,8
C_{org} (%)	0,7
Nutzbare Feldkapazität nFK (Vol.-%)	14,2

Quelle: KÖHN (2002)

Der im südwestlichen Stadtgebiet von Berlin gelegene Versuchsstandort in Dahlem befindet sich südlich des Berliner Urstromtals am nördlichen Rand des Teltow auf ca. 51 m über NN. Er ist durch einen schwach schluffigen Sand in der Ackerkrume mit einer mittleren Ackerzahl von 30 charakterisiert (Tabelle 12). Die mittlere Jahresniederschlagshöhe in Berlin-Dahlem beträgt 540 mm und die Jahresmitteltemperatur liegt bei 9,6 °C. Die Niederschlags- und Lufttemperaturwerte für den Versuchszeitraum 2000 bis 2004 am Versuchsstandort Berlin-Dahlem sind im Tabelle A 3 dargestellt.

Tabelle 12: Standortbeschreibung des Versuchsstandortes Berlin-Dahlem

Parameter	Daten
Naturraumeinheit	Teltow-Platte
Mittlere Ackerzahl	29
Bodentyp	Parabraunerde
Substrattyp	Sand über Lehm
Bodenart	Schwach schluffiger Sand
Ton (%)	4
C_{org} (%)	0,65
Nutzbare Feldkapazität nFK (Vol.-%)	17,6

Quelle: KÖHN (2002)

Der Standort Thyrow liegt südlich von Berlin (Teltow-Fläming-Kreis) auf ca. 44 m über NN. Mit schwach schluffigem Sand in der oberen Bodenschicht und einer mittleren Ackerzahl von 25 ist die Bodengüte am Standort Thyrow im Vergleich der Standorte am schwächsten (Tabelle 13). Die Jahresmitteltemperatur beträgt 8,9 °C und die mittlere Jahresniederschlagshöhe liegt bei 495 mm. Die Niederschlags- und Lufttemperaturwerte für den Versuchszeitraum 2000 bis 2004 am Versuchsstandort Thyrow sind im Tabelle dargestellt.

Tabelle 13: Standortbeschreibung des Versuchsstandortes Thyrow

Parameter	Daten
Naturraumeinheit	Teltow-Platte
Mittlere Ackerzahl	25
Bodentyp	Fahlerde-Braunerde
Substrattyp	Sand über tiefem Lehm
Bodenart	Schwach schluffiger Sand
Ton (%)	3
C_{org} (%)	0,52
Nutzbare Feldkapazität nFK (Vol.-%)	11,6

Quelle: KÖHN (2002)

Die Daten für die Auswertung stellte freundlicherweise Dr. W. Köhn, ehemaliger Leiter der Versuchsstation, zur Verfügung (KÖHN, 2009). Der Ringversuch war als zweifaktorielle Spaltanlage (Faktoren: Fruchtart und Sorte) mit vierfacher Wiederholung der Prüfglieder angelegt. Die acker- und pflanzenbaulichen Maßnahmen wurden in allen Einzelversuchen einheitlich entsprechend des Entwicklungszustandes der Pflanzenbestände und nach dem Schwellenprinzip durchgeführt. Jeder Standort hatte eine eigene Wetterstation, so dass die Parameter mittlere Lufttemperatur und Niederschlagshöhe in die Auswertung einbezogen werden konnten. Der Versuchszeitraum von 2000 bis 2004 umfasst ebenfalls eine große Spannbreite verschiedener Witterungsbedingungen, beispielsweise das Trockenjahr 2003 oder auch urbane Einflüsse am Standort Berlin-Dahlem.

Die Bodenverhältnisse auf den vier Versuchsstandorten, die von schwach schluffigen Sand bis zu stark lehmigen Sand reichen, sind als repräsentativ für die vorherrschenden Bodenarten in Brandenburg anzusehen.

Die Auswertung des Prüffaktors Sorte bezieht sich beim Winterroggen auf drei orthogonal geprüfte Sorten, und zwar die Hybridsorten *Ursus* und *Avanti*, sowie die Populationssorte *Hacada*. Die Hybridsorte *Ursus* stufte das Bundessortenamt bezüglich des Kornertrags mit der Note 8 als hoch bis sehr hoch ein. In der Ertragsstruktur wurden die Merkmale Bestandesdichte und Kornzahl je Ähre mittel bis hoch (Note 6) und die Tausendkornmasse im mittleren Bereich eingestuft. Im Vergleich dazu wurde die Hybridsorte *Avanti* ebenfalls mit einem hohen bis sehr hohen Kornertrag bewertet. Allerdings zeigte sich die Sorte bei allen drei Ertragsstrukturmerkmalen einheitlich mit einer mittleren bis hohen Einstufung. Die Populationssorte *Hacada* wurde dagegen auf Grundlage der Wertprüfung auf ein mittleres Ertragsniveau eingestuft, wobei die Kornzahl je Ähre mit niedrig bis mittel (Note 4) und die Bestandesdichte wie auch die Tausendkornmasse mittel bis hoch bewertet wurden.

Beim Winterweizen erfolgte im orthogonalen Kern eine Prüfung von vier Sorten verschiedener Qualitätsgruppen: *Bussard* (E), *Pegassos* (A), *Flair* (B), *Contra* (C). *Bussard* als Eliteweizen ist mit einem hohen Rohproteingehalt, aber mit einem nur niedrigen Kornertragsniveau in der Wertprüfung eingestuft worden. Hinsichtlich der Ertragsstruktur wurde *Bussard* mit einer mittleren bis hohen Bestandesdichte, niedrigen bis mittleren Kornzahl je Ähre und einer mittleren Tausendkornmasse bewertet. *Pegassos* als Qualitätsweizen weist eine mittlere bis hohe Einstufung bei Kornertrag, Bestandesdichte und Tausendkornmasse auf, demgegenüber eine niedrige bis mittlere Bewertung für die Merkmale Kornzahl je Ähre und Rohproteingehalt. Die Backweizen-Sorte *Flair* und die Futterweizen-Sorte *Contra* haben eine ähnliche Einstufung in der Wertprüfung erzielt: Kornertrag und Bestandesdichte mittel bis hoch, Kornzahl je Ähre hoch und die Tausendkornmasse sowie der Rohproteingehalt auf niedrigem bis mittlerem Niveau.

In die Auswertung wurden folgende Prüfmerkmale einbezogen: Kornertrag, Bestandesdichte (BBCH 85), Kornzahl je Ähre, Tausendkornmasse und Rohproteingehalt. Auf Basis der mehrjährigen Ertragsdaten und unter Nutzung biostatistischer Parameter werden im folgenden Kapitel die Ergebnisse für Winterroggen und Winterweizen hinsichtlich ihrer Ökostabilität (Genotyp-Umwelt-Wechselwirkungen) dargestellt.

Zur Beurteilung der Ökostabilität unter den Standortbedingungen Brandenburgs wurden unter anderem die Anteile der Prüffaktoren an der Merkmalsvariabilität bestimmt. Mittels der linearen Regression wurde die Abhängigkeit der Prüfgliedmittelwerte von den Umweltmittelwerten (Ökoregression) analysiert.

Die klimatische Wasserbilanz wurde für die fünf Versuchsjahre auf Basis der potentiellen Evapotranspiration nach HAUDE (1955) für den Zeitraum April bis Juni berechnet. Der Kornertrag von Winterroggen und Winterweizen in Abhängigkeit von der klimatischen Wasserbilanz wurde anschließend mittels Korrelation nach Pearson und linearer Regression geprüft.

Die Auswertung erfolgte mittels deskriptiver Statistik und Varianzanalyse entsprechend der Versuchsanlage mit anschließendem Mittelwertvergleich nach Tukey-B ($p \leq 0{,}05$). Die Sekundärauswertung wurde mit den Programmen SPSS Statistics 17.0, SAS 9.2 und Microsoft Office Excel 2007 durchgeführt.

In die Auswertung konnten nur 19 statt der insgesamt 20 geprüften Umwelten einbezogen werden, da ein Unwetterereignis am Standort Blumberg im Jahr 2002 die Versuchsbeerntung unmöglich machte. Der Rohproteingehalt wurde nur in vier Umwelten an den Standorten Berge und Thyrow in den Jahren 2003 und 2004 untersucht. Aufgrund dieses geringen Datenumfangs konnte keine Analyse zur Ökostabilität für das Merkmal Rohproteingehalt durchgeführt werden.

5.1.2 Ergebnisse bei Winterroggen

Der Standort wird im pflanzenbaulichen Sinne als Anbauort der Pflanzen über den Boden und die in der Vegetationsperiode eines Jahres vorherrschende Witterung charakterisiert (MITTLER, 2000) und wird im Folgenden als Umwelt bezeichnet. Die Ertragsvariabilität von Winterroggen wird außer von der Zufallsvariabilität (Reststreuung) durch die Wirkung von Umwelt und Sorte bestimmt. Zur Beurteilung der Ökovariabilität dienen auch die Anteile dieser Prüffaktoren an der Gesamtmerkmalsvariabilität. Die Anteile der Variationsursachen an der Merkmalsvariabilität von Winterroggen sind in Tabelle 14 aufgeführt.

Tabelle 14: Variationsursachen des Kornertrags und der Ertragsstrukturmerkmale von Winterroggen (Ringversuch, 2000 bis 2004)

Variationsursachen	Kornertrag	Bestandes-dichte	Kornzahl je Ähre	Tausend-kornmasse
	Angaben in %			
Jahreswitterung	37,9*	21,4*	44,2*	30,2*
Boden	17,4*	12,8*	10,9	32,1*
Sorte	3,1*	1,3*	12,1*	2,8*
Wechselwirkung Boden - Jahreswitterung	39,2*	48,9*	26,7*	31,9*
Wechselwirkung Sorte - Jahreswitterung	1,0*	4,7	4,1*	1,2
Wechselwirkung Boden - Sorte	0,3	5,0	0,2	0,1
Wechselwirkung Boden - Jahreswitterung - Sorte	1,1	5,9	1,8	1,7

Legende: * = Signifikanz im F-Test für $p < 0,05$
Quelle: KÖHN (2009) sowie eigene Berechnungen

Auf die Variabilität des Kornertrages hatten die Standortfaktoren Jahreswitterung mit 38 % und Boden mit 17 % einen signifikanten Einfluss. Demgegenüber wurden durch den Faktor Sorte nur 3 % der Variabilität des Kornertrags verursacht. Bei der Bestandesdichte zeigte die Jahreswitterung ebenfalls den stärksten Einfluss (21 %), gefolgt vom Boden mit 13 %. Die Sorte erklärte nur 1 % der Variabilität in der Bestandesdichte, hatte jedoch mit 12 % einen deutlich stärkeren Einfluss auf die Kornzahl je Ähre und lag diesbezüglich mit dem Bodeneinfluss auf einem ähnlichen Niveau. Die Jahreswitterung stellte mit 44 % die Hauptursache der Variabilität für das Merkmal Kornzahl je Ähre dar. Die Variabilität der Tausendkornmasse war zu fast gleichen Teilen von den Standortfaktoren Jahreswitterung (30 %) und Boden (32 %) geprägt. Wie beim Kornertrag trug die Sorte auch hier nur einen Anteil von 3 % bei.

Auf Sortenebene zeigte sich der Unterschied zwischen Populations- und Hybridsorten hinsichtlich der einzelnen Ertragsstrukturparameter. In Tabelle 15 ist der Einfluss der verschiedenen Ertragsstrukturmerkmale auf den Kornertrag für die Sorten *Hacada, Ursus* und *Avanti* dargestellt.

Tabelle 15: Anteile der Ertragsstrukturmerkmale an der Variabilität des Kornertrags von Winterroggen (Ringversuch, 2000 bis 2004)

Ertragsstrukturmerkmale	Anteil der Variationsursache je Sorte [%]		
	Hacada (P)	*Ursus* (H)	*Avanti* (H)
Bestandesdichte	42,9	17,3	13,8
Kornzahl je Ähre	40,2	42,9	40,2
Tausendkornmasse	16,9	39,8	46,0

Legende: Alle angegebenen Werte signifikant für $p < 0,05$
Quelle: KÖHN (2009) sowie eigene Berechnungen

Unter den geprüften Umweltbedingungen hatte die Kornzahl je Ähre im Sortenmittel mit 41 % den größten Einfluss auf die Ertragsvariabilität. Bei den beiden Hybridsorten *Ursus* und *Avanti* konnte die Ertragsvariabilität zu fast gleichen Teilen aus Kornzahl je Ähre und Tausendkornmasse begründet werden. Der Einfluss der Bestandesdichte erwies sich mit max. 17 % als zweitrangig. Bei der Populationssorte *Hacada* war der Kornertrag demgegenüber wesentlich stärker von der Bestandesdichte (43 %) und von der Kornzahl je Ähre (40 %) beeinflusst. Hier erreichte die Tausendkornmasse nur einen Anteil von 17 % an der Variabilität.

In Abbildung 5 sind die Sortenleistungen der vier Standorte im Mittel über die Jahre 2000 bis 2004 dargestellt. Die Standorte Berlin-Dahlem und Blumberg lagen mit einem durchschnittlichen Kornertrag von 84 dt ha^{-1} bzw. 81 dt ha^{-1} auf dem signifikant höchsten Ertragsniveau. Der Standort Berge erzielte ein mittleres Ertragsniveau von 73 dt ha^{-1}. Der signifikant ertragsschwächste Standort war Thyrow mit einem mittleren Kornertrag von 59 dt ha^{-1}. Die Rangordnung der Sortentypen zeigte sich in einem signifikanten Mehrertrag von 10 dt ha^{-1} der beiden Hybridsorten gegenüber der Populationssorte *Hacada*, der an den Standorten Blumberg und Berlin-Dahlem verstärkt zu beobachten war.

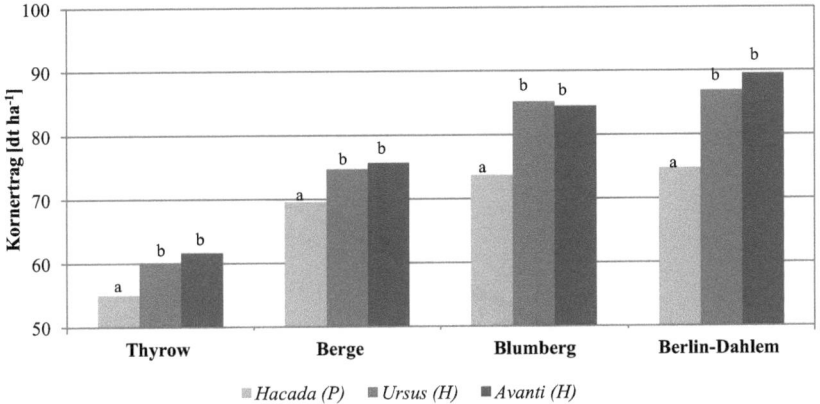

Abbildung 5: Kornertrag von Winterroggen in Abhängigkeit von Standort und Sorte (Ringversuch, 2000 bis 2004)
Legende: Tukey-Test je Ort (p < 0,05), Sorten mit verschiedenen Buchstaben signifikant verschieden; Quelle: KÖHN (2009) sowie eigene Berechnungen

Neben dem höheren Leistungspotential erwiesen sich die Hybridsorten anhand verschiedener Bewertungsverfahren zur Ökostabilität auch als ertragsstabiler. Die Leistungs- und Stabilitätsparameter sind in Tabelle 16 dargestellt.

Tabelle 16: Leistungs- und Stabilitätsparameter für das Merkmal Kornertrag von Winterroggen (Ringversuch, 2000 bis 2004)

Parameter	*Hacada* (P)	*Ursus* (H)	*Avanti* (H)
Sortenmittel [dt ha^{-1}]	67,9	76,2	77,4
Tukey-B (p < 0,05)	a	b	b
Floating Checks [%]	86,7	97,3	98,9
Ökovalenz [%]	7,05	3,84	4,38
Ökovalenz Bewertung	mittel	gering	gering
Stabilitätsparameter s	3,15	2,78	2,25
Reaktionsparameter b	0,84	1,05	1,11
Lage der Regressionsgeraden	unter b=1	über b=1	über b=1

Quelle: KÖHN (2009) sowie eigene Berechnungen

Eine Einschätzung des Leistungspotentials einer Sorte bietet die Methode „Floating Checks". Hier erreichte die Hybridsorte *Avanti* im Sortenvergleich den größten Anteil am Mittelwert der Höchsterträge mit 98,9 %. Der Parameter Ökovalenz und der Stabilitätsparameter s zeigen, dass die Hybridsorten im Vergleich zur Populationssorte *Hacada* eine höhere Ökostabilität aufweisen.

Je günstiger die Umweltbedingungen waren, umso höher stieg das Ertragsniveau an. Die Ertragssicherheit beider Hybridsorten war höher (Regressionsgrade mit b ≈ 1) als die der Populationssorte *Hacada* (b = 0,8), welche die günstigeren Bedingungen nicht so gut in Ertrag umsetzen konnte (Abbildung 6).

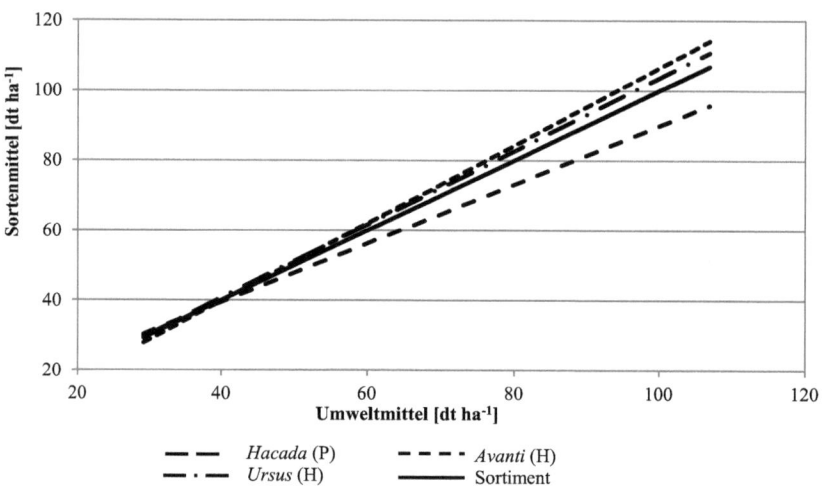

Abbildung 6: Ökoregression für das Merkmal Kornertrag von Winterroggen (Ringversuch, 2000 bis 2004)
Quelle: KÖHN (2009) sowie eigene Berechnungen

5 Experimentelle Basis und Ergebnisse

Die Abhängigkeit des Ertrages von der klimatischen Wasserbilanz ist in Abbildung 7 anhand der Korrelation nach Pearson dargestellt. Für den Standort Berlin-Dahlem war sie signifikant (r = 0,97), für die anderen drei Standorte nicht (Thyrow: r = 0,81; Blumberg: r = 0,58; Berge: r = - 0,36).

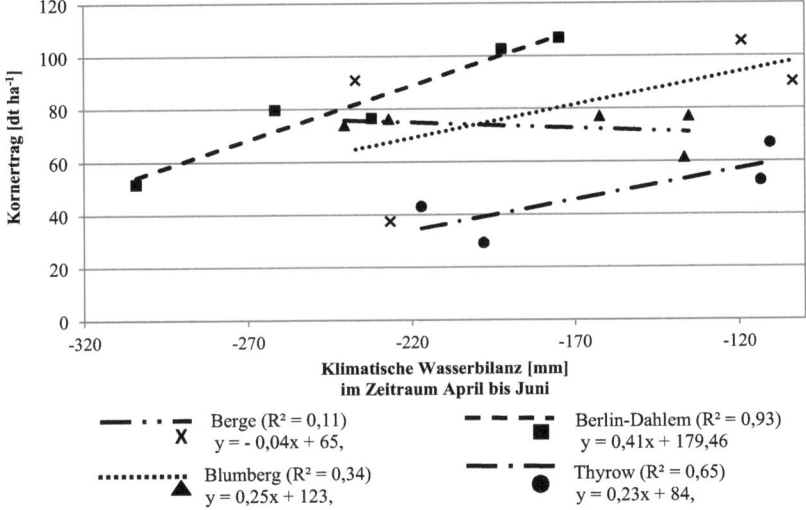

Abbildung 7: Kornertrag von Winterroggen in Abhängigkeit von der klimatischen Wasserbilanz (Ringversuch, 2000 bis 2004)
Quelle: KÖHN (2009) sowie eigene Berechnungen

Die Ökostabilität für das Merkmal Kornertrag wird maßgeblich durch die Ertragsstrukturparameter Bestandesdichte, Kornzahl je Ähre und Tausendkornmasse bestimmt. Tabelle 17 zeigt die verschiedenen Leistungs- und Stabilitätsparameter für das Merkmal Bestandesdichte.

Tabelle 17: Leistungs- und Stabilitätsparameter für das Merkmal Bestandesdichte von Winterroggen (Ringversuch, 2000 bis 2004)

Parameter	*Hacada* (P)	*Ursus* (H)	*Avanti* (H)
Sortenmittel [Ähren m^{-2}]	467	483	481
Tukey-B (p < 0,05)	a	a	a
Floating Checks [%]	90,8	93,8	93,3
Ökovalenz [%]	6,1	9,7	8,1
Ökovalenz Bewertung	mittel	hoch	hoch
Stabilitätsparameter s	29,00	44,90	38,00
Reaktionsparameter b	0,95	1,19	0,85
Lage der Regressionsgeraden	unter b=1	teilweise über b=1	teilweise über b=1

Quelle: KÖHN (2009) sowie eigene Berechnungen

Zwischen den Sorten traten keine signifikanten Unterschiede in Bezug auf die absoluten Sortenmittelwerte auf. Die Ökovalenz der Hybridsorten war auf einem hohen Niveau, was auf eine instabile Merkmalsausprägung hinweist. Die Populationssorte *Hacada* zeigte mit b = 0,95 eine tendenziell stabilere Merkmalsausprägung, allerdings auf unterdurchschnittlichem Leistungsniveau. Die Reaktionsparameter b lassen v. a. Unterschiede zwischen *Ursus* und *Avanti* hinsichtlich der Reaktion auf zunehmend günstigere Umweltbedingungen erwarten.

Beim Merkmal Kornzahl je Ähre unterschieden sich die Sorten signifikant (Tabelle 18). Den höchsten Mittelwert hatte die Hybridsorte *Avanti*. Die Ökostabilität war bei *Ursus* am größten, wobei alle drei Sorten bei der Ökovalenz auf einem geringen bis mittleren Niveau lagen und somit eine relativ stabile Ausprägung aufwiesen. Bei der Populationssorte *Hacada* war der geringe Anstieg b < 0,8 (Ökoregression) auffällig, was auf eine Tendenz zum Extensivtyp hindeutet.

Tabelle 18: Leistungs- und Stabilitätsparameter für das Merkmal Kornzahl je Ähre von Winterroggen (Ringversuch, 2000 bis 2004)

Parameter	*Hacada* (P)	*Ursus* (H)	*Avanti* (H)
Sortenmittel [Körner Ähre^{-1}]	44,5	49,3	51,1
Tukey-B (p < 0,05)	a	b	c
Floating Checks [%]	76,5	89,4	92,4
Ökovalenz [%]	5,9	3,3	4,3
Ökovalenz Bewertung	mittel	gering	gering
Stabilitätsparameter s	1,82	1,31	1,89
Reaktionsparameter b	0,71	1,10	1,13
Lage der Regressionsgeraden	teilweise über b=1	teilweise über b=1	über b=1

Quelle: KÖHN (2009) sowie eigene Berechnungen

Für das Merkmal Tausendkornmasse hob sich die Populationssorte *Hacada* positiv von den Hybridsorten ab. Hinsichtlich der Ökovalenz und des Reaktionsparameters b lagen alle drei Sorten auf einem ähnlichen Niveau. Sie erwiesen sich als relativ stabil und reagierten in ähnlicher Weise auf sich verändernde Umweltbedingungen. Die verschiedenen Parameter für das Leistungsniveau und die Ökostabilität sind in Tabelle 19 dargestellt.

Tabelle 19: Leistungs- und Stabilitätsparameter für das Merkmal Tausendkornmasse von Winterroggen (Ringversuch, 2000 bis 2004)

Parameter	*Hacada* (P)	*Ursus* (H)	*Avanti* (H)
Sortenmittel [g]	33,3	30,8	31,6
Tukey-B (p < 0,05)	b	a	a
Floating Checks [%]	99,1	91,5	93,8
Ökovalenz [%]	4,0	4,0	3,0
Ökovalenz Bewertung	gering	gering	gering
Stabilitätsparameter s	1,38	1,32	0,91
Reaktionsparameter b	0,89	1,10	1,03
Lage der Regressionsgeraden	über b=1	unter b=1	unter b=1

Quelle: KÖHN (2009) sowie eigene Berechnungen

5.1.3 Ergebnisse bei Winterweizen

Die Ertragsvariabilität von Winterweizen war neben der Zufallsvariabilität durch die Wirkung der Prüffaktoren Umwelt und Sorte begründet. Die Anteile der verschiedenen Variationsursachen an der Merkmalsvariabilität von Winterweizen in den 19 geprüften Umwelten sind in Tabelle 20 aufgeführt.

Tabelle 20: Variationsursachen des Kornertrags und der Ertragsstrukturparameter von Winterweizen (Ringversuch, 2000 bis 2004)

Variationsursachen	Kornertrag	Bestandes-dichte	Kornzahl je Ähre	Tausend-kornmasse
	Angaben in %			
Jahreswitterung	58,6*	57,2*	4,1	39,0*
Boden	20,4*	14,1*	30,2*	7,2
Sorte	1,3*	1,1*	11,8*	23,7*
Wechselwirkung Boden - Jahreswitterung	17,1*	19,7*	32,9*	16,9*
Wechselwirkung Sorte - Jahreswitterung	1,4*	1,3	3,1	2,8
Wechselwirkung Boden - Sorte	0,3	1,2	2,2	2,9
Wechselwirkung Boden - Jahreswitterung - Sorte	0,9*	5,4*	15,7*	7,5*

Legende: * = signifikant für p < 0,05
Quelle: KÖHN (2009) sowie eigene Berechnungen

Auf die Variabilität des Kornertrages hatte die Jahreswitterung mit 59 % den stärksten Einfluss, während der Faktor Sorte nur eine geringfügige Variabilität von 1 % verursachte. Bei der Bestandesdichte ergaben sich ähnliche Anteile für die einzelnen Einflussfaktoren. Im Gegensatz dazu hatte der Faktor Boden bei der Kornzahl je Ähre den stärksten Einfluss und auch die Sorte trug mit 12 % einen relativ großen Anteil bei. Für die Variabilität der Tausendkornmasse spielte die Jahreswitterung die wichtigste Rolle, aber auch der Faktor Sorte hatte mit 24 % einen starken Einfluss. Auffällig ist, anders als beim Winterroggen, die gegensätzliche Wirkung der Umweltfaktoren Jahreswitterung und Boden bei der Merkmalsvariabilität von Kornzahl je Ähre und Tausendkornmasse. Die Wechselwirkung zwischen Jahreswitterung und Boden war für alle vier Merkmale signifikant, mit einer Variationsbreite von 17 bis 33 %.

In Tabelle 21 sind die Anteile der einzelnen Ertragsstrukturmerkmale an der Ertragsvariabilität auf Sortenebene dargestellt. Die Bestandesdichte besaß den größten und die Tausendkornmasse den geringsten Einfluss.

Tabelle 21: Anteile der Ertragsstrukturmerkmale an der Variabilität des Kornertrags von Winterweizen (Ringversuch, 2000 bis 2004)

Ertragsstrukturmerkmal	Anteil der Variationsursache je Sorte [%]			
	Bussard (E)	*Pegassos* (A)	*Flair* (B)	*Contra* (C)
Bestandesdichte	50,3	61,9	47,9	59,2
Kornzahl je Ähre	34,3	33,4	32,6	21,9
Tausendkornmasse	15,4	4,7	19,5	18,9

Legende: Alle angegebenen Werte signifikant für p < 0,05
Quelle: KÖHN (2009) sowie eigene Berechnungen

Die Abbildung 8 zeigt den Kornertrag der geprüften Sorten in Abhängigkeit vom Standort. Am Standort Berge wurde mit einem mittleren Kornertrag von 78 dt ha^{-1} das signifikant höchste Ertragsniveau erreicht. Auf einem mittleren Ertragsniveau lagen die Erträge in Blumberg (66 dt ha^{-1}) und Berlin-Dahlem (63 dt ha^{-1}). Der signifikant ertragsschwächste Standort war erwartungsgemäß Thyrow mit 46 dt ha^{-1}. Die Sorte *Flair* erreichte im Mittel der Standorte den höchsten Ertrag. Die A-Sorte *Pegassos* erbrachte am Standort Berge die ertragsstärkste Leistung. Demgegenüber zeigte die E-Sorte *Bussard* im Sortenvergleich auf allen Standorten das signifikant niedrigste Ertragsniveau.

5 Experimentelle Basis und Ergebnisse 59

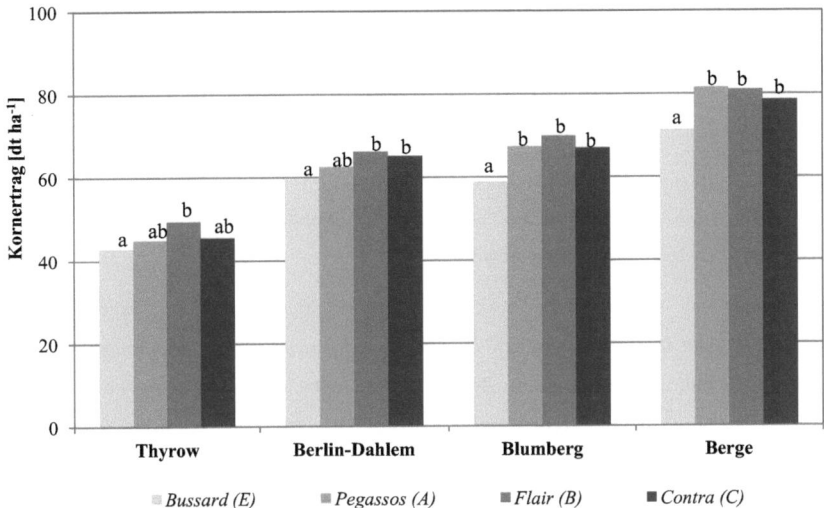

Abbildung 8: Kornertrag von Winterweizen in Abhängigkeit von Standort und Sorte
(Ringversuch, 2000 bis 2004)
Legende: Homogene Untergruppen a und b (Tukey-B: signifikant für p < 0,05)
Quelle: KÖHN (2009) sowie eigene Berechnungen

Neben den Unterschieden im absoluten Kornertrag war auch die Ökostabilität der Sorten abgestuft. In Tabelle 22 sind die verschiedenen Leistungs- und Stabilitätsparameter für das Merkmal Kornertrag aufgeführt.

Tabelle 22: Leistungs- und Stabilitätsparameter für das Merkmal Kornertrag von Winterweizen (Ringversuch, 2000 bis 2004)

Parameter	Bussard (E)	Pegassos (A)	Flair (B)	Contra (C)
Sortenmittel [dt ha^{-1}]	58,1	63,1	66,4	63,9
Tukey-B (p < 0,05)	a	b	b	b
Floating Checks [%]	85,8	94,4	98,1	94,4
Ökovalenz [%]	9,8	5,5	6,0	4,7
Ökovalenz Bewertung	hoch	mittel	mittel	gering
Stabilitätsparameter s	4,03	3,62	3,81	2,40
Reaktionsparameter b	0,81	1,04	1,09	1,11
Lage der Regressionsgeraden	teilweise über b=1	teilweise über b=1	über b=1	teilweise über b=1

Quelle: KÖHN (2009) sowie eigene Berechnungen

Die Bewertungsmethode Floating Checks ergab, dass die B-Sorte *Flair* das höchste und die Sorten *Contra* und *Pegassos* mit 94,4 % ein ähnlich hohes Ertragspotential aufwiesen. Die E-Sorte *Bussard* lag auf einem unterdurchschnittlichen Ertragsniveau. Dieser Zusammenhang spiegelte sich auch im Reaktionsparameter der Ökoregression wider. Die Werte für die Sorten *Contra, Flair* und *Pegassos* lagen nahe b = 1, nur die E-Sorte *Bussard* war mit b = 0,8 tendenziell dem Extensivtyp zuzuordnen. Durch die Berechnung der Ökovalenz differenzierte sich diese Einstufung der Sorten gemäß ihrer Ökostabilität. Danach war *Contra* die stabilste Sorte, *Flair* und *Pegassos* lagen auf einem mittleren Niveau. Die Sorte *Bussard* war allerdings mit einer Ökovalenz von 9,8 % für das Merkmal Kornertrag als relativ instabil zu bewerten.

Unter zunehmend günstigeren Umweltbedingungen stieg das Ertragsniveau an (Abbildung 9). Die Differenz zwischen der besten und schlechtesten Sorte betrug unter günstigen Umweltbedingungen bis zu 20 dt ha^{-1}, bei schlechteren Umweltbedingungen fällt sie mit 5 dt ha^{-1} deutlich geringer aus. Die Regressionsgerade der Sorte *Flair* lag oberhalb des Umweltmittels und verdeutlicht ihre überdurchschnittliche Ertragsleistung unter zunehmend günstigeren Umweltbedingungen. Die Regressionsgerade von *Bussard* verlief unterhalb des Umweltmittels und erreichte im Anstieg einen Wert von b = 0,8. Das heißt, diese Sorte kann günstigere Umweltbedingungen nicht so gut in Ertrag umsetzen wie die anderen drei. Unter ungünstigeren Umweltbedingungen (Umweltmittel < 20 dt ha^{-1}) verhielt sich die Sortenreihung allerdings umgekehrt, so dass hier die Sorte *Bussard* am besten abschnitt und die Sorte *Contra* den geringsten Kornertrag brachte.

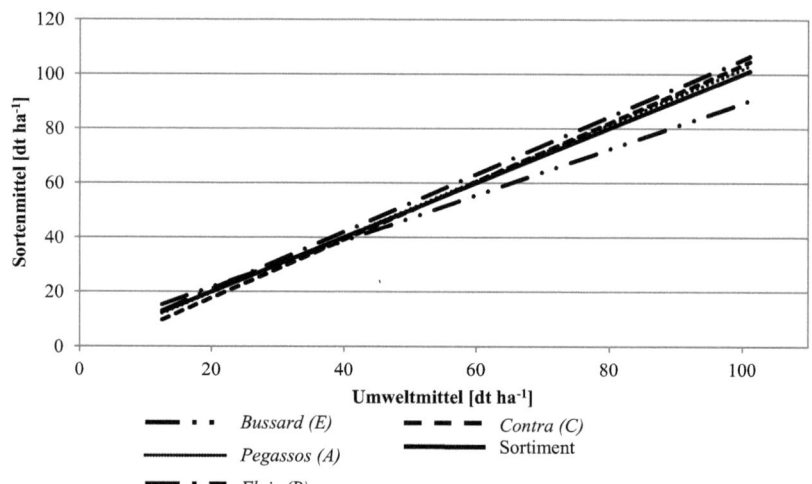

Abbildung 9: Ökoregression für das Merkmal Kornertrag von Winterweizen (Ringversuch, 2000 bis 2004)
Quelle: KÖHN (2009) sowie eigene Berechnungen

Das Ertragsniveau war maßgeblich durch die Jahreswitterung bestimmt. Die klimatische Wasserbilanz der Monate April bis Juni zeigte einen Einfluss auf die Sortenleistung in den geprüften Umwelten. Die Abhängigkeit des Kornertrages von der klimatischen Wasserbilanz ist in Abbildung 10 dargestellt. Für den Zeitraum April bis Juni konnte der Kornertrag in Abhängigkeit von der klimatischen Wasserbilanz mit einer signifikanten Korrelation nach Pearson ($p < 0,05$) für die Standorte Berlin-Dahlem ($r = 0,94$) und Thyrow ($r = 0,89$) bestätigt werden. Weiterhin lag für den Standort Berge mit $r = 0,83$ eine signifikante Korrelation nach Pearson ($p < 0,1$) vor. Für den Standort Blumberg war keine signifikante Korrelation festzustellen. Die Lage der Regressionsgeraden für den Standort Berge verdeutlicht das im Vergleich hohe Ertragsniveau. Zudem wies die Regressionsgerade dieses Standortes den im Vergleich geringsten Anstieg auf, was durch eine geringe Variationsbreite der einzelnen Umweltmittelwerte begründet war. Die Regressionsgeraden der Standorte Berlin-Dahlem und Thyrow wiesen deutlich höhere Anstiege auf.

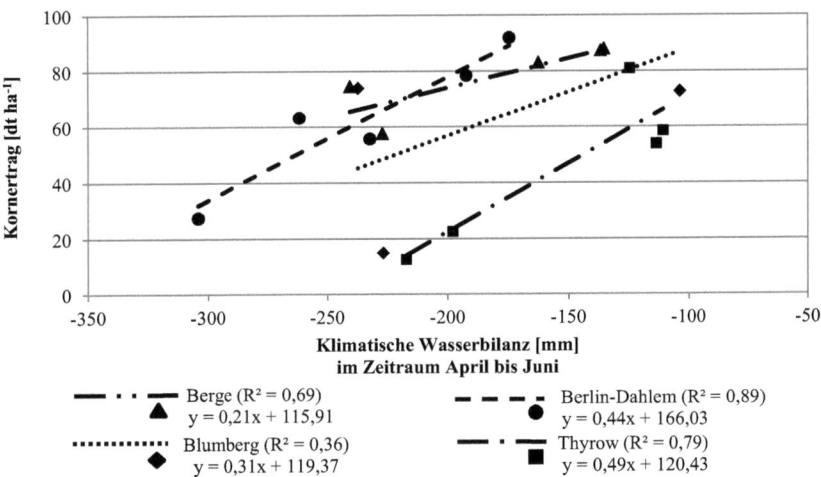

Abbildung 10: Kornertrag von Winterweizen in Abhängigkeit von der klimatischen Wasserbilanz (Ringversuch, 2000 bis 2004)
Quelle: KÖHN (2009) sowie eigene Berechnungen

Der Kornertrag kann aus den Ertragskomponenten Bestandesdichte, Kornzahl je Ähre und Tausendkornmasse berechnet werden. Im Folgenden werden die Leistungs- und Stabilitätsparameter dieser drei Merkmale auf Sortenebene vorgestellt. In Tabelle 23 sind die verschiedenen Parameter für das Merkmal Bestandesdichte aufgeführt.

Tabelle 23: Leistungs- und Stabilitätsparameter für das Merkmal Bestandesdichte von Winterweizen (Ringversuch, 2000 bis 2004)

Parameter	Bussard (E)	Pegassos (A)	Flair (B)	Contra (C)
Sortenmittel [Ähren m^{-2}]	433	460	463	438
Tukey-B (p < 0,05)	a	b	b	a
Floating Checks [%]	88,1	93,6	94,1	88,8
Ökovalenz [%]	10,2	8,7	7,2	7,4
Ökovalenz Bewertung	sehr hoch	hoch	mittel	mittel
Stabilitätsparameter s	43,73	40,21	33,32	30,54
Reaktionsparameter b	0,92	1,11	0,94	1,10
Lage der Regressionsgeraden	teilweise über b=1	über b=1	über b=1	unter b=1

Quelle: KÖHN (2009) sowie eigene Berechnungen

Für das Merkmal Bestandesdichte erreichen die Sorten *Pegassos* und *Flair* signifikant höhere Mittelwerte als *Bussard* und *Contra*. Die Bewertung mit der Floating-Checks-Methode bestätige diese Sortenabstufung. Die Sorten *Flair* und *Contra* wiesen eine mittlere und die Sorte *Pegassos* eine geringe Merkmalsstabilität auf. *Bussard* zeigte im Vergleich die instabilste Merkmalsausprägung. Die Reaktionsparameter lagen bei allen Sorten um b = 1, was auf eine ähnliche Reaktionsrichtung bei veränderten Umweltbedingungen schließen lässt und demnach keine weitere Sortendifferenzierung zu erwarten ist.

Die Leistungs- und Stabilitätsparameter für das Merkmal Kornzahl je Ähre der vier geprüften Sorten sind in Tabelle 24 dargestellt.

Tabelle 24: Leistungs- und Stabilitätsparameter für das Merkmal Kornzahl je Ähre von Winterweizen (Ringversuch, 2000 bis 2004)

Parameter	Bussard (E)	Pegassos (A)	Flair (B)	Contra (C)
Sortenmittel [Körner Ähre^{-1}]	31,9	30,1	36,2	37,9
Tukey-B (p < 0,05)	a	a	b	b
Floating Checks [%]	79,9	75,0	90,1	94,5
Ökovalenz [%]	10,5	15,5	8,6	13,3
Ökovalenz Bewertung	sehr hoch	sehr hoch	hoch	sehr hoch
Stabilitätsparameter s	3,39	3,89	2,87	5,02
Reaktionsparameter b	1,02	0,64	1,21	1,18
Lage der Regressionsgeraden	unter b=1	unter b=1	über b=1	über b=1

Quelle: KÖHN (2009) sowie eigene Berechnungen

Die Sorten *Contra* und *Flair* hatten signifikant höhere Mittelwerte als *Bussard* und *Pegassos*. Diese Sortenreihung ließ sich mit der Floating-Checks-Methode bestätigen. Die Ökovalenzwerte für das Merkmal Kornzahl je Ähre lagen insgesamt auf einem hohen bis sehr hohen Niveau. Dies lässt auf eine instabile Merkmalsausprägung bei den vier Sorten unter den geprüften Umweltbedingungen schließen.

Der Reaktionsparameter zeigte bei *Pegassos* eine Tendenz zum Extensivtyp. Diese Sorte hatte demnach Vorteile unter ungünstigen Umweltbedingungen, während *Flair* und *Contra* mit einem Reaktionsparameter von b = 1,2 eine Tendenz zum Intensivtyp zeigten.

Für das Merkmal Tausendkornmasse ergaben sich klare Sortenunterschiede, die in Tabelle 25 zusammengestellt sind.

Tabelle 25: Leistungs- und Stabilitätsparameter für das Merkmal Tausendkornmasse von Winterweizen (Ringversuch, 2000 bis 2004)

Parameter	*Bussard* (E)	*Pegassos* (A)	*Flair* (B)	*Contra* (C)
Sortenmittel [g]	42,7	47,9	39,7	39,3
Tukey-B (p < 0,05)	b	c	a	a
Floating Checks [%]	88,5	82,5	99,4	81,4
Ökovalenz [%]	4,8	7,9	4,5	5,9
Ökovalenz Bewertung	gering	hoch	gering	mittel
Stabilitätsparameter s	1,71	3,92	1,58	2,29
Reaktionsparameter b	0,83	0,92	1,19	1,11
Lage der Regressionsgeraden	teilweise über b=1	über b=1	unter b=1	unter b=1

Quelle: KÖHN (2009) sowie eigene Berechnungen

Die A-Weizensorte *Pegassos* erreichte den signifikant höchsten Mittelwert, wies aber eine geringe Ökostabilität in der Merkmalsausprägung auf. Im Gegensatz dazu erzielte die E-Sorte *Bussard* den zweithöchsten Mittelwert in Kombination mit einer stabilen Merkmalsausprägung (Ökovalenz 4,8 %). Der Reaktionsparameter von b = 0,8 deutete allerdings darauf hin, dass die Sorte *Bussard* unter zunehmend günstigeren Umweltbedingungen unterdurchschnittlich abschnitt. Die Sorte *Flair* zeigte bei der Tausendkornmasse ebenfalls eine hohe Ökostabilität, konnte aber im Vergleich zu *Bussard* und *Pegassos* günstige Umweltbedingungen besser ausnutzen (*Flair*: Reaktionsparameter b = 1,2).

Als Parameter der inneren Qualität wurde der Rohproteingehalt in den Versuchsjahren 2003 und 2004 an den Standorten Berge und Thyrow untersucht (Tabelle 26). Aufgrund des geringen Umfangs an geprüften Umwelten war die Bewertung der Ökostabilität nicht möglich.

Tabelle 26: Rohproteingehalt von Winterweizen (Ringversuch, 2003 und 2004)

Sorte	Rohproteingehalt [% TM]			
	2003		2004	
	Berge	Thyrow	Berge	Thyrow
Bussard (E)	16,4	19,8	12,9	11,8
Pegassos (A)	15,3	17,3	11,3	11,0
Flair (B)	15,5	17,8	10,9	10,8
Contra (C)	14,4	17,3	11,2	10,5

Quelle: Erekul & KÖHN (2006)

Die Jahreswitterung in den Jahren 2003 und 2004 hatte einen deutlichen Einfluss auf den Rohproteingehalt. Im Trockenjahr 2003 lag er am Standort Thyrow im Mittel über alle Sorten bei 18,1 %, im Jahr 2004 bei 11,0 %. Auf dem lehmigen Sandboden in Berge fielen die Unterschiede der Rohproteingehalte in den Jahren 2003 (15,4 %) und 2004 (11,6 %) deutlich geringer aus. Alle vier Sorten wurden in ähnlicher Weise durch die Faktoren Jahreswitterung und Boden beeinflusst. Der jeweilige Mittelwert für die Sorten *Contra, Flair* und *Pegassos* lag bei ca. 13 %. Die Unterschiede zwischen den Sorten waren nicht signifikant. Nur der Eliteweizen *Bussard* erreichte einen Rohproteingehalt von 15,3 % und hob sich damit signifikant von den anderen Sorten ab. Die höchsten Gehalte mit > 17,3 % wurden für alle Sorten am Standort Thyrow im Jahr 2003 und die niedrigsten mit < 11,7 % im Jahr 2004 festgestellt. Die Sorte *Bussard* wies immer signifikant höhere Werte auf als die anderen drei Sorten.

Der Rohproteinertrag ist eine wichtige Kenngröße in der Weizenproduktion und errechnet sich aus dem Kornertrag und dem Rohproteingehalt. Die Ergebnisse zum Rohproteinertrag (Tabelle 27) ergaben eine ähnliche Rangfolge wie beim Kornertrag. Lediglich in Berge 2003 konnten die relativ geringen Kornerträge durch die hohen Rohproteingehalte nahezu ausgeglichen werden.

Tabelle 27: Rohproteinertrag von Winterweizen (Ringversuch, 2003 und 2004)

Sorte	Rohproteinertrag [dt ha^{-1}]			
	2003		2004	
	Berge	Thyrow	Berge	Thyrow
Bussard (E)	9,5	2,4	10,7	6,9
Pegassos (A)	8,6	1,7	9,9	6,2
Flair (B)	9,0	3,3	10,0	7,1
Contra (C)	8,4	1,6	9,5	6,1

Quelle: Erekul & KÖHN (2006)

Auf beiden Standorten war der Rohproteinertrag im Jahr 2004 höher als 2003. Am Standort Thyrow waren die Jahresunterschiede am größten. Die vergleichsweise höheren Rohproteinerträge am Standort Berge waren auf den höheren Kornertrag als Folge der günstigeren Bodenbedingungen zurückzuführen. Eine klare Rangfolge entsprechend der Qualitätsgruppen konnte für die vier geprüften Umwelten im Ringversuch nicht ermittelt werden. Die Eliteweizensorte *Bussard*, welche sich durch einen hohen Rohproteingehalt auszeichnete, lag mit einem Rohproteinertrag von 7,4 dt ha^{-1} auf gleichem Niveau wie die Sorte *Flair* (B). Sie glich demnach den geringeren Kornertrag durch höhere Rohproteingehalte aus. Die Qualitätsweizensorte *Pegassos* erreichte im Mittel Rohproteinerträge von 6,6 dt ha^{-1} und die Sorte *Contra* (C) von 6,4 dt ha^{-1}.

5.2 Sortenversuche auf Sandboden

Im folgenden Kapitel werden die Ergebnisse zur Ökostabilität von Winterroggen und Winterweizen auf Sandboden am Standort Thyrow dargestellt. Diese Sekundärauswertung ermöglicht eine Einschätzung der Sortenleistungen unter spezifischen Standortbedingungen und einen Vergleich der beiden Fruchtarten unter gleichen Standortbedingungen über einen längeren Zeitraum.

5.2.1 Material und Methoden

Der Versuchsstandort Thyrow als Lehr- und Forschungsstation wird von der Landwirtschaftlich-Gärtnerischen Fakultät der Humboldt-Universität zu Berlin betrieben. Der Standort liegt südlich von Berlin (Teltow-Fläming-Kreis) auf ca. 44 m Höhe über NN. Bei Ackerzahlen zwischen 23 und 28 wurden die Versuche auf einem für die Region typischen schwach schluffigen Sandboden angelegt. Die weitergehende Standortbeschreibung zu Thyrow wurde bereits im Kapitel 5.1.1 dargestellt.

Im langjährigen Mittel von 1981 bis 2010 betrug die Jahresmitteltemperatur 9,2 °C. Der Monat Januar war mit -0,1 °C der kälteste Monat, im wärmsten Monat Juli wurden im Monatsmittel 19,0 °C erreicht. Im langjährigen Jahresmittel betrug die Niederschlagshöhe 510 mm. Die höchsten Niederschläge fielen im Monat Juli mit 57 mm, die geringsten Niederschläge wurden im Monat April mit 30 mm gemessen. Für den Zeitraum April bis Juni ergaben sich im langjährigen Mittel (1981 bis 2010) eine mittlere Lufttemperatur von 12,9 °C und eine mittlere Niederschlagshöhe von 138 mm. Im Vergleich dazu waren insbesondere die Jahre 2000 und 2003 als überdurchschnittlich warm und trocken im Zeitraum April bis Juni einzustufen (Abbildung 11). Das Jahr 2007 fiel demgegenüber mit einer überdurchschnittlichen Niederschlagshöhe von 250 mm im Zeitraum April bis Juni und das Jahr 2004 mit einer vergleichsweise niedrigeren mittleren Lufttemperatur auf (Zeitraum April bis Juni).

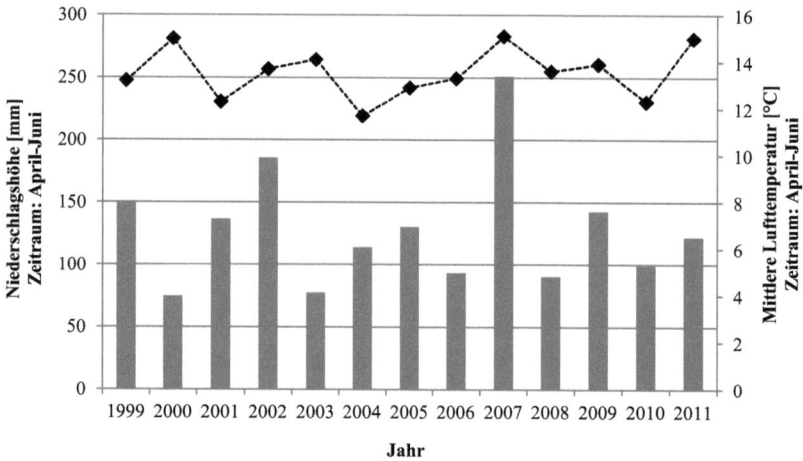

Abbildung 11: Niederschlagshöhe und mittlere Lufttemperatur am Standort Thyrow (1999 bis 2011)
Legende: Niederschlagshöhe (Balken), Mittlere Lufttemperatur (Linie)
Quelle: modifiziert nach CHMIELEWSKI (2011)

Die Sortenversuche am Standort Thyrow wurden vom Bereich Freiland der Lehr- und Forschungsstation an der Landwirtschaftlich-Gärtnerischen Fakultät der Humboldt-Universität zu Berlin angelegt und durchgeführt. Die Datengrundlage für die Auswertung im Rahmen dieser Arbeit stellte deren Leiter, Herr Baumecker, zur Verfügung (BAUMECKER, 2011). Die Versuche waren als zweifaktorielle Spaltanlage (Faktoren: Sorte und Pflanzenschutzintensität) mit zweifacher Wiederholung je Prüfglied angelegt. Alle acker- und pflanzenbaulichen Maßnahmen wurden einheitlich entsprechend des Entwicklungszustandes der Pflanzenbestände und nach dem Schadschwellenprinzip durchgeführt. Die Auswertung bezieht sich für beide Fruchtarten ausschließlich auf die Prüffaktoren Jahreswitterung und Sorte. Der Faktor Sorte umfasst das Prüfmerkmal Kornertrag in dt ha^{-1} mit 86 % TS (inkl. Fungizid- und Wachstumsreglereinsatz sowie optimaler Stickstoffdüngung). Die Sekundärauswertung von Winterroggen und Winterweizen basiert auf den Ertragsergebnissen aus den Jahren 2003 bis 2011. Beim Winterroggen bezieht sich die Datengrundlage der synthetischen Sorten auf den Zeitraum 2003 bis 2010. Eine Auswertung der E-Weizensorten konnte auf Grund des zu geringen Prüfumfangs nicht vorgenommen werden. Für die Sekundärauswertung wurden nur Sorten mit einem Prüfumfang von mindestens vier Versuchsjahren herangezogen. Die Datenbasis bestand daher beim Winterroggen aus sieben Populationssorten, einer synthetischen Sorte und sieben Hybridsorten und beim Winterweizen aus zehn A-Sorten, vier B-Sorten und einer C-Sorte.

Auf Grundlage der mehrjährigen Versuchsergebnisse sind im anschließenden Abschnitt die Ergebnisse zur absoluten Leistungsfähigkeit und zur Ökostabilität von Winterroggen und Winterweizen unter Nutzung der folgenden biostatistischen Parameter dargestellt: Ökovalenz, Ökoregression und Floating Checks. Des Weiteren dienten die Berechnungen der einzelnen Anteile der Variationsursachen (Jahreswitterung und Sorte) an der Ertragsvariabilität zur besseren Beurteilung der Ökostabilität. Schließlich wurden die Einschätzungen der beiden Fruchtarten und deren Sorten um die Ertragsleistungen unter spezifischen Witterungsbedingungen ergänzt, welche mittels der klimatischen Wasserbilanz errechnet wurden. Die Auswertung der Daten erfolgte mittels deskriptiver Statistik und Varianzanalyse entsprechend der Versuchsanlage mit anschließendem Mittelwertvergleich nach Tukey-B ($p \leq 0,05$). Die Sekundärauswertung wurde mit den Programmen SPSS Statistics 17.0, SAS 9.2 und Microsoft Office Excel 2007 durchgeführt.

5.2.2 Ergebnisse bei Winterroggen

Für den Standort Thyrow sind die Variationsanteile der Einflussfaktoren Jahreswitterung und Sorte in Tabelle 28 dargestellt. Die Höhe des Kornertrages von Winterroggen wurde in den Sortenversuchen am Standort Thyrow (1999 bis 2011) maßgeblich zu 73 % durch die Jahreswitterung geprägt, wobei der Faktor Sorte einen Einfluss von 18 % ausmachte. Der Anteil der Wechselwirkung zwischen Jahreswitterung und Sorte betrug 9 %, war aber für den ausgewerteten Zeitraum nicht signifikant.

Tabelle 28: Variationsursachen des Kornertrags von Winterroggen (Faktor: Sorte) (Sortenversuche Thyrow, 2003 bis 2011)

Variationsursachen	Anteile [%]
Jahreswitterung	73,3*
Sorte	17,8*
Wechselwirkung Jahreswitterung - Sorte	8,9$^{n.s.}$

Legende: * signifikant im F-Test für $p < 0,05$, n.s. = nicht signifikant
Quelle: BAUMECKER (2011) sowie eigene Berechnungen

Die Variationsanteile nach Sortentyp weisen eine ähnliche Verteilung auf und sind in Tabelle 29 aufgeführt. Die Höhe des Kornertrages wurde auch hier mit einem Anteil von 84 % am stärksten von der Jahreswitterung beeinflusst, der Sortentyp erreichte 14 %. Die

Wechselwirkung zwischen Jahreswitterung und Sortentyp war nicht signifikant, fiel aber deutlich geringer als bei der Variationsaufteilung auf Sortenebene aus.

Tabelle 29: Variationsursachen des Kornertrags von Winterroggen (Faktor: Sortentyp) (Sortenversuche Thyrow, 2003 bis 2011)

Variationsursachen	Anteile [%]
Jahreswitterung	83,7*
Sortentyp	14,2*
Wechselwirkung Jahreswitterung - Sortentyp	2,1$^{n.s.}$

Legende: * signifikant im F-Test für p < 0,05, n.s. = nicht signifikant
Quelle: BAUMECKER (2011) sowie eigene Berechnungen

Die jährliche Ertragsleistung von Winterroggen am Versuchsstandort Thyrow ist in Abbildung 12 dargestellt. Es ist eine klare Differenzierung der Sortentypen hinsichtlich ihrer Leistungsfähigkeit zu erkennen.

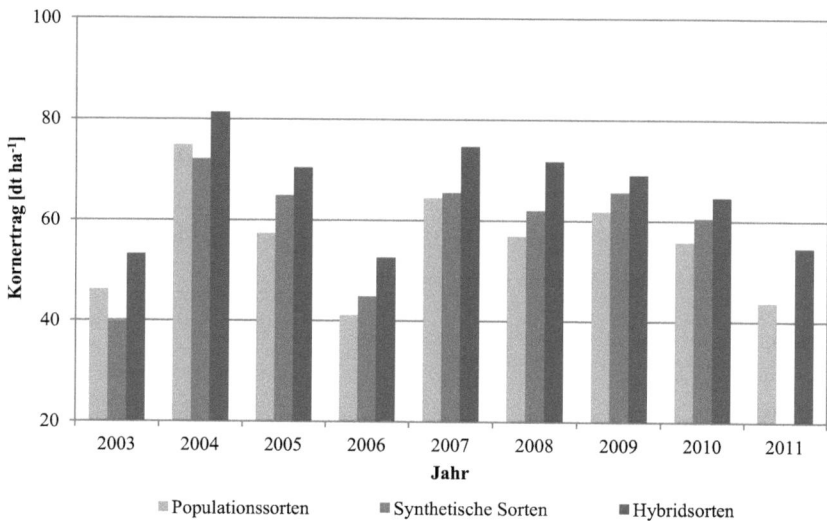

Abbildung 12: Jährliche Ertragsleistung verschiedener Sortentypen von Winterroggen (Sortenversuche Thyrow, 2003 bis 2011)
Quelle: modifiziert nach BAUMECKER (2011)

Mit einem mittleren Roggenertrag von mehr als 70 dt ha^{-1} war 2004 ein Hochertragsjahr. In den Jahren 2003, 2006 und 2011 war das Ertragsniveau demgegenüber deutlich niedriger. Die Hybridsorten waren mit einem mittleren Kornertrag von 66 dt ha^{-1} signifikant

(F-Test für p < 0,05) ertragsstärker als die Populationssorten mit 61 dt ha^{-1} bzw. die synthetischen Sorten mit 57 dt ha^{-1}. Das Leistungspotential der Sorten wurde zudem mit der Floating-Checks-Methode erfasst. Die Hybridsorten besaßen mit durchschnittlich 91 % das höchste Ertragspotential, die Populationssorten und die synthetischen Sorten lagen ca. 10 % darunter (vgl. Tabelle A 7 - 45).

Die Leistungsfähigkeit variierte sowohl zwischen den Sortentypen als auch zwischen Sorten des gleichen Typs. Die Ergebnisse sind im Tabelle A 7 und 45 aufgeführt. Eine Differenzierung im Hinblick auf die Ökostabilität war unabhängig von der Einteilung nach Sortentypen ausschließlich auf Sortenebene zu finden. Die Werte der Reaktionsparameter, welche anhand der Ökoregression berechnet wurden, lagen für alle Sorten zwischen b = 0,8 bis 1,2. Eine Einteilung der Sorten nach Intensiv- bzw. Extensivtyp fand erst außerhalb dieses Bereichs statt. Demnach waren nur tendenzielle Unterschiede zwischen den einzelnen Sorten erkennbar. Die Werte für die Ökovalenz erreichten mit durchschnittlich 5,5 % ein mittleres Niveau. Hier zeigten sich lediglich Unterschiede zwischen einzelnen Sorten, nicht aber zwischen den Sortentypen. Die Ökovalenzwerte für die Populationssorten lagen zwischen 4 und 7 % und damit auf einem geringen bis mittleren Niveau. Im Gegensatz dazu zeigten die Hybridsorten eine Spannweite der Ökovalenzwerte von 2 bis 10 %. Dies lässt auf sehr geringe bis hohe Ertragsstabilitäten der einzelnen Sorten schließen. Die einzeln geprüfte synthetische Sorte lag mit einer Ökovalenz von 6 % auf einem mittleren Niveau. Die Ergebnisse für den Stabilitätsparameter s (Ökoregression) waren denen der Ökovalenz-Berechnungen ähnlich. Im Mittel lagen die Werte der Hybridsorten bei s = 4,4 und schwankten von s = 2 bis 9. Die Ergebnisse für die Populationssorten erreichten ein ähnliches Niveau mit s = 4,5 und einer Spannweite von s = 2 bis 10. Die synthetische Sorte *Caroass* wies einen Wert von s = 4 auf.

Die Kombination von Ertragsleistung und Ertragsstabilität wurde ebenfalls zur Sortenbewertung herangezogen. In Abbildung 13 ist die Ertragsleistung mittels Floating Checks und die Ertragsstabilität anhand der Ökovalenz auf Sortenebene dargestellt.

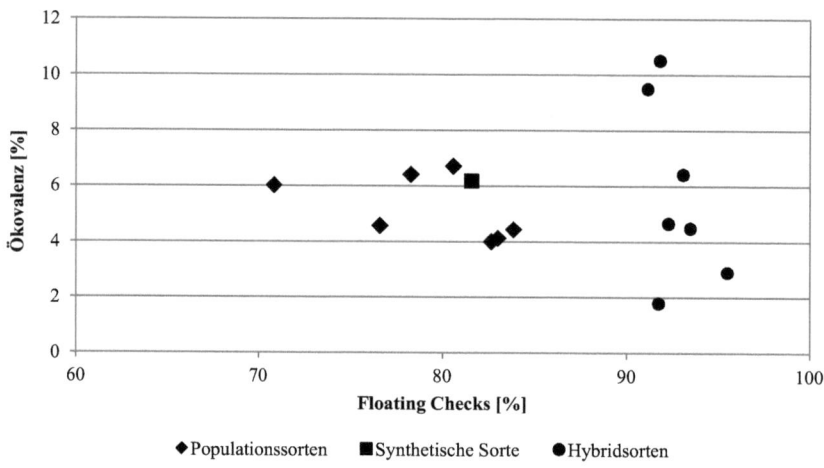

Abbildung 13: Ökovalenz und Floating Checks für das Merkmal Kornertrag auf Sortenebene (Sortenversuche Thyrow, 2003 bis 2011)
Quelle: BAUMECKER (2011) sowie eigene Berechnungen

Für die Leistungsfähigkeit ergab sich ein klares Ranking: Die Hybridsorten setzten sich mit Werten von über 90 % deutlich von den anderen Sorten ab. Die Ertragsleistung der einzelnen Populationssorten fiel sehr unterschiedlich aus (zwischen 70 und 85 %). In Bezug auf die Ökovalenz lagen die synthetische Sorte *Caroass* und die drei Populationssorten im mittleren Bereich. Vier Populationssorten wiesen geringe Ökovalenzwerte auf, was für eine gute Ertragsstabilität spricht. Die Populationssorten *Born*, *Nikita* und *Matador* erreichten am Standort Thyrow mit Ökovalenzwerten von 4 % und Floating Checks von 83 % ein gutes und stabiles Ertragsergebnis. Die Streuung zwischen den Hybridsorten war stärker. Sie erzielten zwar alle überdurchschnittlich hohe Erträge, aber sehr unterschiedliche Ertragsstabilitäten. Die Hybridsorte *Fernando* wies dabei die beste Kombination von Ertragsleistung und Ökostabilität auf.

Der Kornertrag von Winterroggen in Abhängigkeit von der klimatischen Wasserbilanz für den Zeitraum April bis Juni war mit einem Korrelationskoeffizienten nach Pearson von $r = 0{,}64$ ($p < 0{,}05$) signifikant (Abbildung 14).

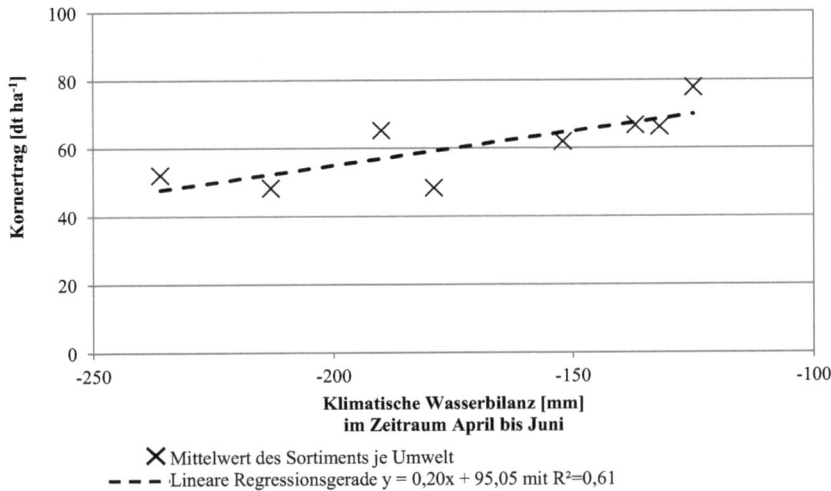

Abbildung 14: Kornertrag von Winterroggen in Abhängigkeit von der klimatischen Wasserbilanz am Standort Thyrow (Sortenversuche Thyrow, 2003 bis 2011)
Quelle: BAUMECKER (2011) sowie eigene Berechnungen

Je weiter die Werte der klimatischen Wasserbilanz im negativen Bereich lagen, umso geringer war das Ertragsniveau des geprüften Sortiments am Standort Thyrow. Die Erträge gingen von 78 dt ha^{-1} unter günstigeren Witterungsbedingungen bis auf 48 dt ha^{-1} unter trockeneren Bedingungen zurück.

Die Auswertung nach Sortentypen ergab, dass die Hybridsorten unter allen Witterungsbedingungen im Durchschnitt ein höheres Ertragsniveau als die Populationssorten bzw. die synthetischen Sorten erreichten. Aufgrund der nicht orthogonalen Datenlage ließ sich für den Witterungseinfluss allerdings keine klare Differenzierung zwischen den synthetischen Sorten und den Populationssorten, sondern nur eine Reaktionstendenz feststellen.

Die Hybridsorten *Askari* und *Visello* zeigten unter trockeneren Bedingungen im Zeitraum April bis Juni (KWB zwischen -250 mm und -179 mm) im Vergleich zum Sortiment überdurchschnittliche Ertragsleistungen, die Populationssorten *Conduct* und *Recrut* sowie die synthetische Sorte *Caroass* dagegen geringere (BAUMECKER, 2011 sowie eigene Berechnungen).

5.2.3 Ergebnisse bei Winterweizen

Der Kornertrag von Winterweizen war in den Sortenversuchen am Standort Thyrow mit einem Variationsanteil von 82 % maßgeblich von der Jahreswitterung geprägt (Tabelle 30). Der Einfluss der Sorte lag bei einem Anteil von 11 % und in der Wechselwirkung mit der Jahreswitterung bei 7 %.

Tabelle 30: Variationsursachen des Kornertrags von Winterweizen (Faktor: Sorte) (Sortenversuche Thyrow, 2003 bis 2011)

Variationsursachen	Anteile [%]
Jahreswitterung	82,0*
Sorte	10,9*
Wechselwirkung Sorte - Jahreswitterung	7,1

Legende: * = signifikant für $p < 0,05$

Quelle: BAUMECKER (2011) sowie eigene Berechnungen

Die Auswertung anhand der verschiedenen Qualitätsgruppen (Tabelle 31) zeigte, dass die Jahreswitterung mit einem Variationsanteil von 97 % dominierte, der Faktor Qualitätsgruppe erreichte nur einen nicht signifikanten Anteil von 2 %, und auch die Wechselwirkung mit der Jahreswitterung war mit 1 % nicht signifikant.

Tabelle 31: Variationsursachen des Kornertrags von Winterweizen (Faktor: Qualitätsgruppe) (Sortenversuche Thyrow, 2003 bis 2011)

Variationsursache	Anteil [%]
Jahreswitterung	96,8*
Qualitätsgruppe	2,1
Wechselwirkung Qualitätsgruppe - Jahreswitterung	1,1

Legende: * = signifikant für $p < 0,05$

Quelle: BAUMECKER (2011) sowie eigene Berechnungen

Die jährliche Ertragsleistung von Winterweizen am Versuchsstandort Thyrow ist in Abbildung 15 dargestellt. Es ist eine tendenzielle Differenzierung der Qualitätsgruppen hinsichtlich ihrer Leistungsfähigkeit zu erkennen.

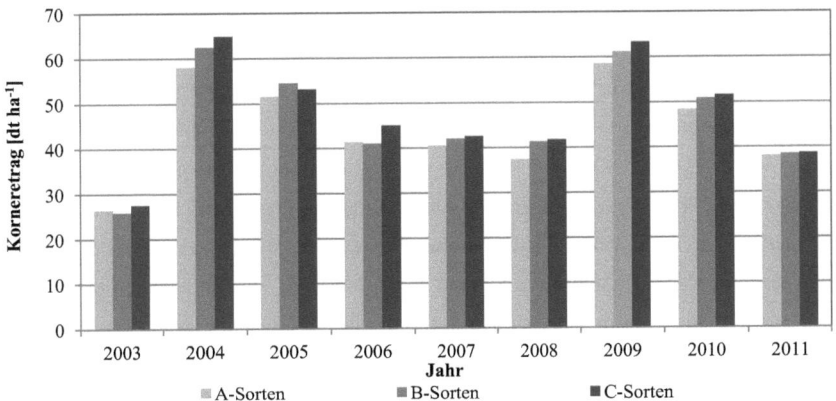

Abbildung 15: Jährliche Ertragsleistung von Winterweizen am Standort Thyrow (Sortenversuche Thyrow, 2003 bis 2011)
Quelle: modifiziert nach BAUMECKER (2011)

In den Jahren 2004 und 2009 wurde mit einem mittleren Kornertrag von 60 dt ha^{-1} das höchste Ertragsniveau erreicht. Der geringste Kornertrag war mit 25 dt ha^{-1} im Trockenjahr 2003 zu verzeichnen. Die Jahre 2006, 2007, 2008 und 2011 lagen mit 40 dt ha^{-1} auf einem mittleren Ertragsniveau, 2005 und 2010 mit 50 dt ha^{-1} leicht darüber. Die durchschnittliche Ertragsleistung von Winterweizen im Zeitraum von 2003 bis 2011 am Standort Thyrow betrug 45 dt ha^{-1}. Zwischen den Qualitätsgruppen bestanden keine statistisch gesicherten Unterschiede hinsichtlich ihrer Ertragsleistung. Daher konnte nur eine vorläufige Rangordnung von C-Sorten > B-Sorten > A-Sorten vorgenommen werden. Das Leistungspotential der Sorten wurde auch mit der Floating-Checks-Methode ermittelt. Die Unterschiede zwischen den Qualitätsgruppen fielen gering aus, auch wenn einzelne Sorten innerhalb einer Gruppe zum Teil erheblich variierten. Im Vergleich der Qualitätsgruppen erzielten die A-Sorten mit 85 % das geringste Ertragspotential, die B-Sorten erreichten 88 % und die C-Sorten mit 90 % das höchste Ertragspotential am Standort Thyrow.

Eine Differenzierung im Hinblick auf die Ökostabilität konnte unabhängig von der Einteilung in Qualitätsgruppen nur auf Sortenebene festgestellt werden. Die entsprechenden Ergebnisse sind im Tabelle A 9 und 47 aufgeführt.

Die Werte der Reaktionsparameter, welche anhand der Ökoregression berechnet wurden, lagen für den überwiegenden Teil der Sorten zwischen b = 0,8 und 1,2. Eine Einteilung der Sorten nach Intensiv- bzw. Extensivtyp erfolgte erst außerhalb dieser Spannweite.

Für die B-Sorte *Mulan* und die beiden A-Sorten *Brilliant* und *Toras* betrugen die Reaktionsparameter b < 0,8 und zeigten damit eine Tendenz zum Extensivtyp. Diese drei Sorten können demnach günstigere Umweltbedingungen im Vergleich zum Sortiment schlechter in Ertrag umsetzen. Die B-Sorte *Ephoros* und die A-Sorte *Cubus* erreichten Reaktionsparameter von b > 1,2 die auf einen Intensivtyp hinweisen. Diese beiden Sorten können günstigere Umweltbedingungen überdurchschnittlich gut in Ertrag umsetzen, fallen aber unter ungünstigeren Umweltbedingungen erträglich zurück. Die Ökovalenzwerte lagen für das ausgewählte Sortiment mit 6,5 % auf einem mittleren Niveau. Eine Differenzierung war lediglich auf Sortenebene, nicht aber zwischen den Qualitätsgruppen möglich. Die Ökovalenzwerte für die zehn geprüften A-Sorten schwankten zwischen 4 bis 10 %, die Spannweite bei den vier geprüften B-Sorten betrug 4 bis 8 %. Die einzeln geprüfte C-Sorte *Hermann* lag mit einer Ökovalenz von 7 % auf einem mittleren Niveau. Die Ergebnisse für den Stabilitätsparameter s (Ökoregression) waren denen der Ökovalenz-Berechnungen ähnlich. Im Mittel lagen die Werte der A-Sorten bei s = 4 und schwankten zwischen s = 2 bis 6. Die Ergebnisse für die B-Sorten erreichten ein ähnliches Niveau mit s = 3 und einer Spannweite von s = 2 bis 5. Die C-Sorte *Hermann* wies einen mittleren Wert von s = 4 auf.

In Abbildung 16 ist die Ertragsleistung mittels Floating Checks und die Ertragsstabilität anhand der Ökovalenz auf Sortenebene dargestellt. In der Abbildung stellt jeder Punkt eine Sorte dar, die anhand der Symbole zur jeweiligen Qualitätsgruppe zuzuordnen ist.

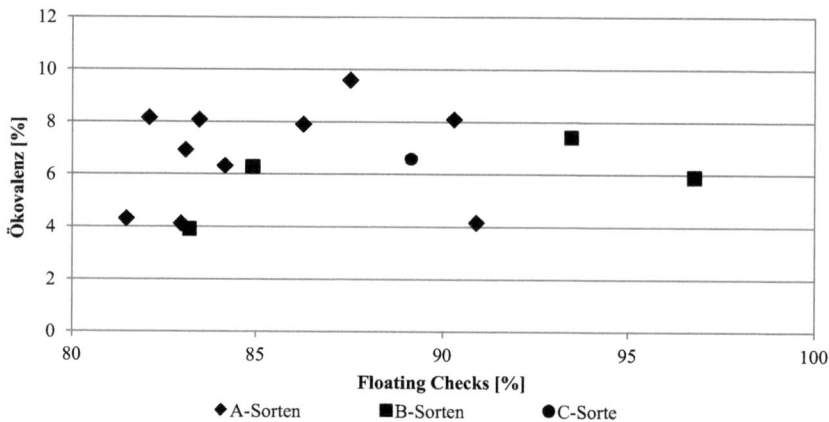

Abbildung 16: Ökovalenz und Floating Checks für das Merkmal Kornertrag von Winterweizen (Sortenversuche Thyrow, 2003 bis 2011)
Quelle: BAUMECKER (2011) sowie eigene Berechnungen

Es ist zu erkennen, dass es keine klare Rangfolge der Qualitätsgruppen gab. Vielmehr lag eine größere Differenz auf Sortenebene vor (Floating Checks: 82 bis 97 %). Die B-Sorte *Hybred* als Hybridsorte hatte die höchste Leistungsfähigkeit. Die Spanne der Ökovalenzwerte von 4 bis 10 % belegt die erheblichen Unterschiede in der Ökostabilität der einzelnen Sorten (vgl. Tabelle A 9 und 47). Als ertragsstabil können die A-Sorten *Akratos*, *Ludwig* und *Toras* sowie die B-Sorte *Drifter* eingestuft werden. Bei diesen Sorten lag die Ökovalenz auf einem geringen Niveau. Die A-Sorte *Akratos* zeigte eine günstige Kombination aus sicherer und guter Ertragsleistung (Floating Checks: 91 %).

Die Korrelation zwischen klimatischer Wasserbilanz für den Zeitraum April bis Juni und Kornertrag des Winterweizens war signifikant (Korrelationskoeffizient nach Pearson von $r = 0{,}76$, $p < 0{,}05$). Der Zusammenhang beider Parameter ist anhand der linearen Regression mit $R^2 = 0{,}80$ in Abbildung 17 dargestellt.

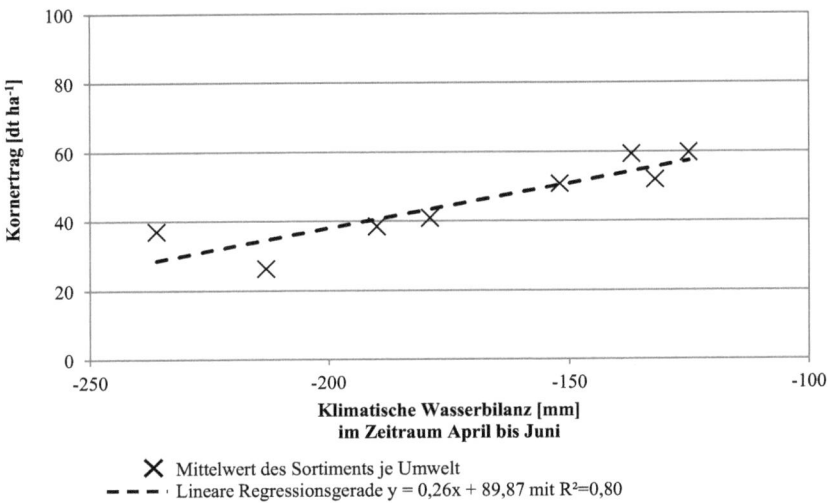

Abbildung 17: Kornertrag von Winterweizen in Abhängigkeit von der klimatischen Wasserbilanz am Standort Thyrow (Sortenversuche Thyrow, 2003 bis 2011)
Quelle: BAUMECKER (2011) sowie eigene Berechnungen

Je weiter die Werte der klimatischen Wasserbilanz im negativen Bereich lagen, umso geringer war das Ertragsniveau des geprüften Sortiments am Standort Thyrow. Die Ertragswerte gingen von 60 dt ha^{-1} unter günstigeren Witterungsbedingungen (KWB = -120 mm) bis auf 25 dt ha^{-1} unter zunehmend trockneren Witterungsbedingungen (KWB = -210 mm) zurück. Die Auswertung nach Qualitätsgruppen ergab keine

Differenzierung. Aufgrund der nicht orthogonalen Datenlage ließ sich nur für ausgewählte und mindestens vierjährig geprüfte Sorten eine tendenzielle Reaktionsrichtung im Hinblick auf den Witterungseinfluss feststellen. Die Sorten *Akratos* (A), *Hybred* (B) und *Hermann* (C) zeigten unter trockeneren Bedingungen im Zeitraum April bis Juni (KWB: -250 mm bis -179 mm) im Vergleich zum Sortiment überdurchschnittliche Ertragsleistungen, die Sorten *Tommi* (A) und *Drifter* (B) dagegen geringere.

5.3 Landessortenversuche Brandenburg

Nach der nationalen Zulassung einer Sorte durch das Bundessortenamt ist die regionale amtliche Sortenprüfung auf Basis von Verwaltungsvereinbarungen und des Saatgutverkehrsgesetzes Aufgabe der Bundesländer. Das Landessortenwesen in Brandenburg ist dem Landesamt für Ländliche Entwicklung, Landwirtschaft und Flurneuordnung (LELF) zugeordnet. Die Landessortenprüfung beurteilt den landeskulturellen Wert von Sorten landwirtschaftlicher Nutzpflanzen im integrierten und ökologischen Anbau auf regionaler Ebene. Die Durchführung der Landessortenprüfung erfolgt nach länderübergreifenden Boden-Klima-Räumen bzw. definierten Anbaugebieten mit differenzierten Boden- und Klimabedingungen. Die Sorten werden auf Ausprägung ihrer Eigenschaften (z. B. Ertrag, Gesundheit und Qualität) unter den regionalen Standortbedingungen geprüft und vergleichend bewertet. Die Feld- und Laborprüfung ist durch bundeseinheitliche Richtlinien geregelt, so dass die Vergleichbarkeit der Sortenergebnisse im integrierten Prüfsystem (EU-Sortenprüfungen, Wertprüfungen, Landessortenprüfungen) gewährleistet ist. Für die Durchführung der Versuche (Anlage, Anbauintensität, Bonituren, Ernte und Berichterstattung) gelten die „Richtlinien für die Durchführung von landwirtschaftlichen Wertprüfungen und Sortenversuchen" des Bundessortenamtes (BUNDESSORTENAMT, 2000). Die darin geschilderten einheitlichen Erfassungsmethoden bilden die Grundlage für die bundesweite Verrechnung und überregionale Auswertung von Versuchsergebnissen. Die Auswertung der Sortenprüfung erfolgt mittels biostatistischer Methoden, die Sorteneinschätzungen für die einzelnen Anbaugebiete ermöglichen. Als Ergebnis der mehrjährigen und mehrortigen Sortenprüfung stehen dann regionale, anbauspezifische Sortenempfehlungen für Anbau, Vermehrung und Vermarktung zur Verfügung. Diese objektiven, wettbewerbsneutralen Empfehlungen unterstützen die betriebliche Sortenwahl und leisten dadurch auch einen Beitrag zur wirtschaftlichen Risikoprävention landwirtschaftlicher Unternehmen.

5.3.1 Material und Methoden

Die Landessortenversuche Brandenburg (LSV) werden vom Landesamt für Ländliche Entwicklung, Landwirtschaft und Flurneuordnung Brandenburg jährlich angelegt und durchgeführt. Auf Grundlage einer vertraglichen Vereinbarung innerhalb des Forschungsverbundes INKA-BB (Teilprojekt 8) wurden die LSV-Ergebnisse von Winterroggen und Winterweizen (Zeitraum 2003 bis 2011) für die Auswertung im Rahmen dieser Arbeit bereitgestellt (Datengrundlage: LELF, 2012 a). Die LSV wurden als zweifaktorielle Spaltanlage (Faktoren: Sorte und Pflanzenschutzintensität) mit zweifacher Wiederholung je Prüfglied angelegt. Die Intensitätsprüfung beinhaltet zwei Stufen. Die in Intensitätsstufe I geprüften Sorten wurden optimal mit Stickstoff gedüngt und nicht mit Fungiziden behandelt, wobei in der Regel auch auf den Einsatz von Wachstumsreglern verzichtet wurde. In Ausnahmefällen war der Wachstumsreglereinsatz in Abhängigkeit vom Lagerdruck (Bestandesentwicklung, Stickstoffnachlieferung) bis zu maximal 50 % der Aufwandmenge der Stufe II zulässig. Die Sortenprüfung der Intensitätsstufe II wurde ebenfalls bei optimaler Stickstoffdüngung durchgeführt, Wachstumsregler nach Bedarf eingesetzt und der Fungizideinsatz war auf eine ortsübliche Intensität ausgerichtet. Die Behandlung von Ährenkrankheiten wurde in typischen Befallsgebieten prophylaktisch durchgeführt.

Große Teile Brandenburgs gehören zum Anbaugebiet D-Süd (trocken-warme Diluvialböden des nordostdeutschen Tieflandes). Die Prüfstandorte sind vorwiegend sandige und schwach lehmige Böden. Nach der Bodenschätzung liegt der Landeswert der mittleren Ackerzahl bei 33 (MINISTERIUM FÜR INFRASTRUKTUR UND LANDWIRTSCHAFT, 2010). Der nördliche Teil Brandenburgs, insbesondere der Landkreis Uckermark mit den Prüfstationen Prenzlau und Dedelow, weist vielfach Böden mit einer höheren Ackerzahl auf und zählt zum Anbaugebiet D-Nord. Das Oderbruch mit dem Prüfstandort Altreetz ist als separates Anbaugebiet ausgewiesen. Eine Übersicht über die Prüfstandorte mit Angaben zu Boden und Klima ist im Tabelle A 6 dargestellt. Ein für die Auswertung ausreichender orthogonaler Prüfumfang mit vollständiger Wetteraufzeichnung lag nur für die Prüfstationen Güterfelde und Nuhnen vor. Die Jahreswerte der Parameter Niederschlagshöhe und mittlere Lufttemperatur sind für den Standort Nuhnen im Tabelle und für den Standort Güterfelde in unten stehender Abbildung 18 aufgeführt.

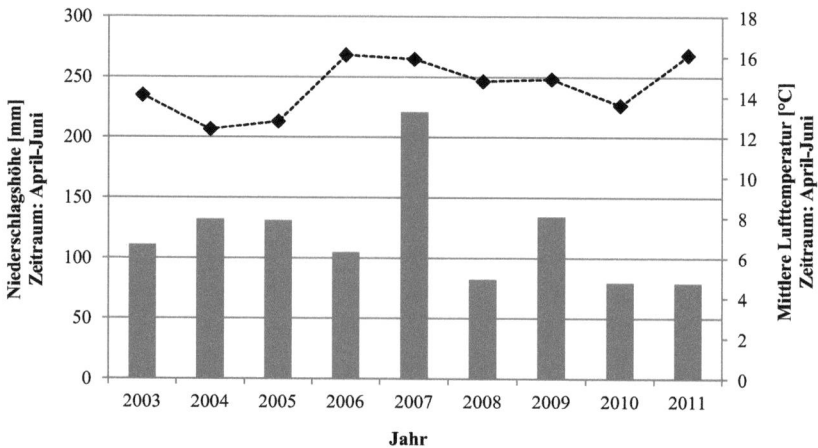

Abbildung 18: Niederschlagshöhe und mittlere Lufttemperatur am Standort Güterfelde
(Landessortenversuche Brandenburg, 2003 bis 2011)
Quelle: modifiziert nach LELF (2012 a)

Am Standort Güterfelde gab es jahresabhängige Schwankungen der Niederschlagshöhe und der mittleren Lufttemperatur (Abbildung 18). Im Vergleich zur mittleren Niederschlagshöhe von 119,4 mm (Zeitraum 2003 bis 2011) waren die Jahre 2008, 2010 und 2011 trockener und das Jahr 2007 deutlich feuchter. Die Jahre 2004 und 2005 waren in Bezug auf die mittlere Lufttemperatur von 14,5 °C (2003 bis 2011) etwas kühler, hingegen waren die Jahre 2006, 2007 und 2011 überdurchschnittlich warm.

Zur Berechnung der Leistungsfähigkeit und Ökostabilität wurden nur Sorten mit mindestens fünf Prüfumwelten (Standort*Jahr) in die Sekundärauswertung einbezogen. Die Auswertung für Winterroggen umfasste 7 Populationssorten, 4 synthetische Sorten und 18 Hybridsorten, die für Winterweizen 33 A-, 12 B- und 4 C-Sorten. Für eine Auswertung der Eliteweizensorten war der Prüfumfang zu gering. Die Auswertung berücksichtigte für beide Fruchtarten folgende Prüfmerkmale: Bestandesdichte (Ährentragende Halme je m²), Kornzahl je Ähre, Tausendkornmasse (86 % TS), Kornertrag (86 % TS) und für Winterweizen zusätzlich den Rohproteingehalt (86 % TS).

Zur Beurteilung der Ökovariabilität der genannten Prüfmerkmale wurden die Anteile der Prüffaktoren (Jahr, Standort, Sorte) an der Merkmalsvariabilität bestimmt. Ein zentraler Punkt der Auswertung war die Berechnung der Ökovalenzwerte für ausgewählte Sorten. Des Weiteren wurde mit der Ökoregression die Abhängigkeit der Prüfgliedmittelwerte von den Umweltmittelwerten analysiert. Zusätzlich wurde eine Leistungsbewertung anhand der Floating-Checks-Methode durchgeführt und der Witterungseinfluss auf den Kornertrag bestimmt. Hierbei wurde der Kornertrag im Mittel des geprüften Sortiments in Abhängigkeit von der klimatischen Wasserbilanz für den Zeitraum April bis Juni angegeben. Der klimatischen Wasserbilanz lagen die Wetterdaten der Prüfstationen Güterfelde und Nuhnen zugrunde.

Die Auswertung der Datengrundlage erfolgte mittels deskriptiver Statistik und Varianzanalyse entsprechend der Versuchsanlage mit anschließendem Mittelwertvergleich nach Tukey-B ($p \leq 0{,}05$). Die Sekundärauswertung wurde mit den Programmen SPSS Statistics 17.0, SAS 9.2 und Microsoft Office Excel 2007 durchgeführt.

5.3.2 Ergebnisse bei Winterroggen

Der Einfluss der Variationsursachen auf die Ertragsvariabilität und Variabilität der Ertragsstrukturmerkmale von Winterroggen ist in Tabelle 32 dargestellt.

Tabelle 32: Variationsursachen des Kornertrags und der Ertragsstruktur von Winterroggen (Faktor: Sortentyp), (Landessortenversuche Brandenburg, 2003 bis 2011)

Variationsursachen	Kornertrag	Bestandes-dichte	Kornzahl je Ähre	Tausend-kornmasse
	Angaben in %			
Jahreswitterung	16,8*	19,6*	13,9*	20,3
Boden	42,8*	20,8	39,0*	45,7*
Sortentyp	4,1*	1,1*	3,9*	1,4*
Wechselwirkung Boden - Jahreswitterung	34,2*	44,3*	24,3*	28,7*
Wechselwirkung Sortentyp - Jahreswitterung	0,4*	2,3	3,0	2,2*
Wechselwirkung Boden - Sortentyp	0,5	4,3	4,8	0,8
Wechselwirkung Boden- Sortentyp - Jahreswitterung	1,4	7,6	11,1	0,9

Legende: * = signifikant für p < 0,05
Quelle: LELF (2012 a) sowie eigene Berechnungen

Der Einfluss des Faktors Boden zeigte mit 42,8 % den größten Anteil an der Ertragsvariabilität. Den zweitgrößten Einfluss hatte die Jahreswitterung mit 16,8 %, wobei die Wechselwirkung aus Boden und Jahreswitterung ebenfalls einen signifikanten Anteil von 34,2 % ausmachte. Der Einfluss der drei Sortentypen auf den Kornertrag war mit 4,1 % gering, aber signifikant. Boden und Jahreswitterung hatten auf die Bestandesdichten jeweils einen Einfluss von ca. 20 %. Die Wechselwirkung aus diesen beiden Variationsursachen ergab einen Anteil von 44,3 %. Der Sortentyp spielte dabei nur eine untergeordnete Rolle von 1,1 %. Einen großen Einfluss auf die Variabilität der

Kornzahl je Ähre übte ebenfalls der Faktor Boden aus. Der Einfluss der Sortentypen auf die Merkmalsvariabilität der Kornzahl je Ähre lag bei 3,9 %. Die Variabilität der Tausendkornmasse konnte durch den Faktor Boden mit einem Anteil von 45,7 % bewertet werden. Die Wechselwirkung aus Boden und Jahreswitterung stellte mit 28,7 % den zweitgrößten und signfikanten Einfluss dar. Der Effekt der Jahreswitterung war mit 20,3 % hingegen nicht signifikant. Für das Ertragsstrukturmerkmal Tausendkornmasse konnten nur 1,4 % der Merkmalsvariabilität durch die unterschiedlichen Sortentypen erklärt werden, allerdings war dieses Ergebnis signifikant.

Die Variationsursachen für den Kornertrag und die Ertragsstrukturmerkmale von Winterroggen auf Sortenbasis sind in Tabelle 33 zusammengefasst.

Tabelle 33: Variationsursachen des Kornertrags und der Ertragsstruktur von Winterroggen (Faktor: Sorte), (Landessortenversuche Brandenburg, 2003 bis 2011)

Variationsursachen	Kornertrag	Bestandes-dichte	Kornzahl je Ähre	Tausend-kornmasse
	Angaben in %			
Jahreswitterung	16,7*	27*	52*	20*
Boden	38,6*	2*	15*	46*
Sorte	7,4*	3*	4*	1*
Wechselwirkung Boden - Jahreswitterung	29,5*	51*	12*	29*
Wechselwirkung Sortentyp - Jahreswitterung	1,8*	4*	5*	3*
Wechselwirkung Boden - Sortentyp	2,9	2*	2	0
Wechselwirkung Boden - Sortentyp - Jahreswitterung	3,2*	12	10	0

Legende: * = signifikant für p < 0,05
Quelle: LELF (2012 a) sowie eigene Berechnungen

Für den Kornertrag lag der Einfluss der Sorte bei 7,4 %, für die Ertragsstrukturmerkmale demgegenüber nur zwischen 1 und 4 %. Den Haupteinfluss auf die Merkmalsvariabilitäten übte neben dem Boden die Jahreswitterung aus. Den zweitgrößten Anteil nahm der Faktor Boden bzw. seine Wechselwirkung mit der Jahreswitterung ein. Die Variabilität des Merkmals Bestandesdichte wurde allerdings nur zu 2 % durch den Boden verursacht, wogegen der Anteil der Wechselwirkung von Boden und Jahreswitterung 51 % betrug.

Die Anteile der Ertragsstrukturmerkmale an der Ertragsvariabilität für die drei verschiedenen Sortentypen sind in Tabelle 34 dargestellt.

5 Experimentelle Basis und Ergebnisse

Tabelle 34: Anteile der Ertragsstrukturmerkmale an der Variabilität des Kornertrags von Winterroggen (Landessortenversuche Brandenburg, 2003 bis 2011)

Ertragsstrukturmerkmale	Anteile der Variationsursachen je Sortentyp [%]		
	Populations-sorten	synthetische Sorten	Hybrid-sorten
Bestandesdichte	33,9	35,1	39,4
Kornzahl je Ähre	48,9	47,3	41,4
Tausendkornmasse	17,2	17,6	19,2

Legende: alle angegebenen Werte signifikant für p < 0,05
Quelle: LELF (2012 a) sowie eigene Berechnungen

Bei allen Sortentypen übte die Kornzahl je Ähre den größten Einfluss auf die Ertragsvariabilität aus und die Tausendkornmasse mit ca. 18 % den geringsten. Bei den Hybridsorten trugen die Merkmale Bestandesdichte und Kornzahl je Ähre zu ähnlichen Anteilen zur Ertragsvariabilität bei. Dabei ist besonders die geringe Variabilität der Kornzahl je Ähre der Hybridsorten im Vergleich zu den anderen Sortentypen hervorzuheben.

In Abbildung 19 sind die jährlichen Ertragsleistungen der Sortentypen von Winterroggen dargestellt.

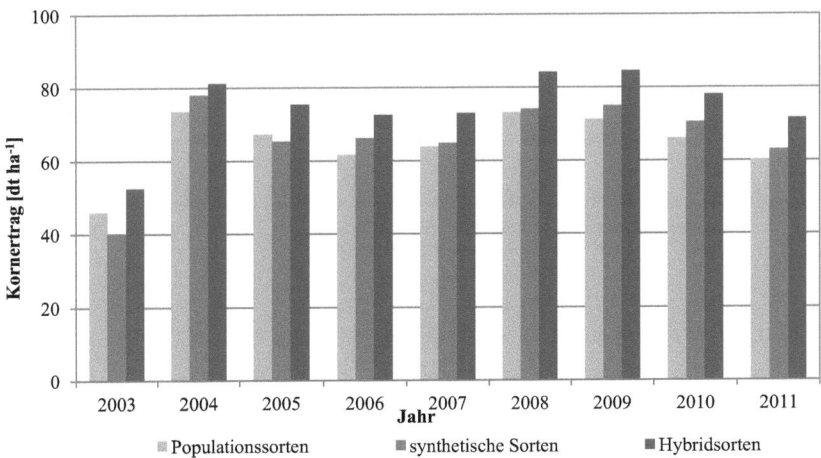

Abbildung 19: Jährliche Ertragsleistung des ausgewählten Sortiments von Winterroggen (Landessortenversuche Brandenburg, 2003 bis 2011)
Quelle: modifiziert nach LELF (2012 a)

Das Ertragsniveau von Winterroggen schwankte zwischen 40 und 85 dt ha^{-1}. Eine Ausnahme war das Trockenjahr 2003 mit einem mittleren Kornertrag von 45 dt ha^{-1}. Die Hybridsorten erzielten in allen Prüfjahren ein überdurchschnittliches Leistungsniveau. Die Populationssorten zeigten im Vergleich zu den beiden anderen Sortentypen die niedrigste Ertragsleistung. Nur in den Jahren 2003 und 2005 erzielten sie leicht höhere Kornerträge als die synthetischen Sorten. Von 2003 bis 2011 war im Mittel aller geprüften Sorten und Umwelten keine signifikante Veränderung im Ertragsniveau (Trend) zu verzeichnen.

Die Ergebnisse für das Prüfmerkmal Kornertrag auf Sortenebene sind im Tabelle A 11 aufgeführt. Die Abbildung 20 stellt die Parameter Ökovalenz und Floating Checks für den Kornertrag der ausgewählten Sorten je Sortentyp dar.

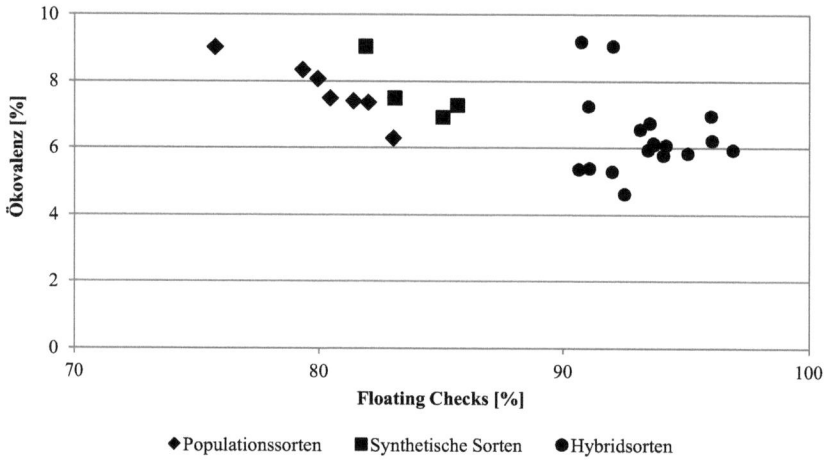

Abbildung 20: Ökovalenz und Floating Checks für das Merkmal Kornertrag von Winterroggen
(Landessortenversuche Brandenburg, 2003 bis 2011)
Quelle: LELF (2012 a) sowie eigene Berechnungen

Die Floating Checks hatten eine Variationsbreite von 75 bis 97 %. Dabei entsprachen 100 % einem Umweltmittelwert von 81,4 dt ha^{-1}. Die Hybridsorten waren in der Leistungsfähigkeit den Populations- und synthetischen Sorten signifikant (Tukey-B Test, $p < 0,05$) überlegen. Ihre relativen Kornerträge übertrafen in allen Fällen 100 % (72,2 dt ha^{-1} entsprach 100 %), die Floating Checks ausnahmslos 90 %. Die synthetischen Sorten und Populationssorten unterschieden sich im absoluten Kornertrag nicht signifikant.

Die Ökovalenzwerte der Sorten lagen unabhängig vom Sortentyp zwischen 4,6 und 9,2 %. Die vier Hybridsorten *Askari, Fugato, Minello* und *Pollino* wiesen die geringsten Ökovalenzwerte (4,6 bis 5,4 %) auf. Sie erbrachten im Vergleich zum gesamten Hybridsortiment zwar nur unterdurchschnittliche Ertragsleistungen, lagen aber trotzdem deutlich über dem mittleren Ertragsniveau der anderen beiden Sortentypen. Nur zwei Hybridsorten, *Hellvus* und *Bellami*, lagen über dem Ökovalenzniveau von 8 %, so dass diese Hybridsorten im Vergleich zum Restsortiment ein signifikant höheres Ertragsniveau mit geringerer Ertragssicherheit kombinieren. Als beste Hybridsorten fielen *Minello* mit 4,6 % Ökovalenz und 92,5 % Floating Checks sowie *Brasetto* mit 5,9 % Ökovalenz und 96,9 % Floating Checks auf. Bei den Populationssorten hob sich *Matador* ab, die sich durch eine mittlere Ökovalenz (6,3 %) und eine für den Sortentyp gute Ertragsleistung (83 % Floating Checks) auszeichnete. Von den synthetischen Sorten konnte *Caroass* positiv bewertet werden, die ebenfalls eine mittlere Ertragsstabilität (7,3 % Ökovalenz) und mit 86 % Floating Checks eine gute Ertragsfähigkeit zeigte.

Im Ergebnis der Ökoregression lag der Regressionsparameter der Sorten, unabhängig vom Sortentyp, zwischen b = 0,8 und 1,2. Die einzige Ausnahme stellte die Hybridsorte *Balistic* dar, die einen Reaktionsparameter von b = 1,3 aufwies. Diese Sorte kann somit dem Intensivtyp zugeordnet werden, d. h. sie setzt bessere Umweltbedingungen überdurchschnittlich gut in Mehrertrag um. Mit einer Ökovalenz von 6,2 % wies sie darüber hinaus keine erhöhte Ertragsvariabilität auf und besaß mit einem relativen Kornertrag von 110,2 % ein gutes Leistungsvermögen.

Die in die Auswertung einbezogenen Sorten wurden weiterhin den Bestandesdichte-, den Korndichte- und den Einzelährentypen zugeordnet. Hierbei erreichten die Sorten der Korndichtetypen und der Einzelährentypen ein im Durchschnitt leicht höheres Ertragsniveau im Vergleich zu den Sorten der Bestandesdichtetypen. Dies war allerdings aufgrund der starken Sortenstreuung innerhalb der Gruppen nicht signifikant. Die Berechnung der Ökovalenzwerte ergab für alle drei Gruppen ein mittleres Stabilitätsniveau.

Die Ergebnisse für das Ertragsstrukturmerkmal Bestandesdichte sind im Tabelle A 12 aufgeführt. Die Abbildung 21 stellt die Parameter Ökovalenz und Floating Checks für das Merkmal Bestandesdichte auf Sortenebene dar.

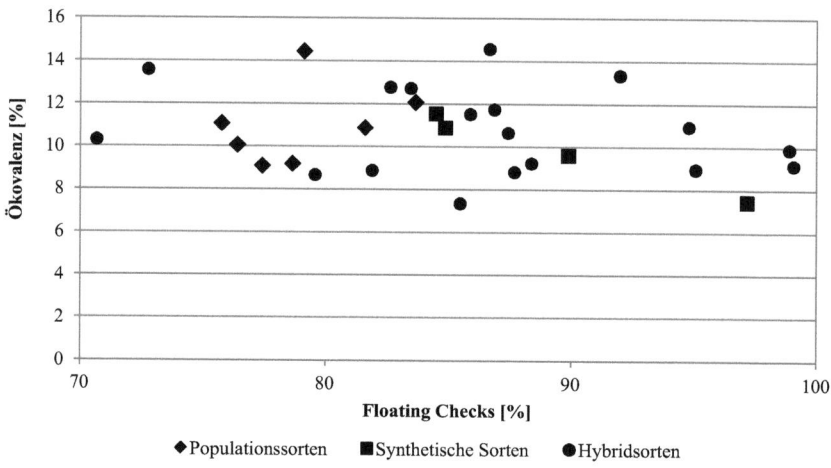

Abbildung 21: Ökovalenz und Floating Checks für das Merkmal Bestandesdichte von Winterroggen
(Landessortenversuche Brandenburg, 2003 bis 2011)
Quelle: LELF (2012 a) sowie eigene Berechnungen

Das Niveau der Ökovalenz für das Ertragsstrukturmerkmal Bestandesdichte lag mit durchschnittlich 10,6 % auf einem hohen bis sehr hohen Niveau und deutete auf eine instabile Merkmalsausprägung in den geprüften Umwelten hin. Nur zwei Sorten erreichten einen Ökovalenzwert von unter 7,5 % und damit ein mittleres Stabilitätsniveau. Es handelte sich um die Hybridsorte *Picasso* mit 7,3 % Ökovalenz, aber einer unterdurchschnittlichen Ausbildung ährentragender Halme von 85,5 % Floating Checks und um die synthetische Sorte *Carotrumpf* mit 7,4 % Ökovalenz und 97,2 % Floating Checks. Sie besaß die beste Kombination von Leistungsfähigkeit und Merkmalsstabilität innerhalb des gesamten Sortiments. Das Leistungsniveau des Sortiments lag zwischen 70 und 99 % Floating Checks, wobei 100 % einer absoluten Bestandesdichte von 602 Ähren m^{-2} entsprachen. Die Variationsbreite der absoluten Werte betrug 425 bis 608 Ähren m^{-2}. Die Ökovalenzwerte schwankten innerhalb des Sortiments zwischen 7,3 % und 14,6 %. Innerhalb der Sortentypen zeigten die Sorten somit eine große Heterogenität, was eine Differenzierung zwischen den drei Sortentypen sowohl in ihrer absoluten Merkmalsausprägung als auch in ihrer Merkmalsstabilität erschwerte. Auf Basis der Floating-Checks-Mittelwerte ergab sich folgende Abstufung zwischen den Sortentypen: Synthetische Sorten (89 %) > Hybridsorten (87 %) > Populationssorten (79 %). Die synthetischen Sorten und die Hybridsorten hatten ein signifikant höheres Leistungsniveau als die Populationssorten (Tukey-B Test, $p < 0,05$). Die Sorten der Bestandesdichtetypen erreichten im Durchschnitt 533 Ähren m^{-2}, die Sorten der Korndichtetypen 518 Ähren m^{-2} und die Sorten der Einzelährentypen 484 Ähren m^{-2}. Eine Unterscheidung dieser Gruppen hinsichtlich ihrer Ökostabilität war nicht möglich. Im Mittel der Sorten betrug der Ökovalenzwert 10,6 %. Im Durchschnitt des Sortiments lag der Reaktionsparameter bei b = 0,9, allerdings mit einer Streuweite von b = 0,6 bis 1,3. Mit Ausnahme von vier Sorten lag das Sortiment innerhalb einer normalen Spannweite von b = 0,8 bis 1,2. Die Hybridsorte *Amato* mit b = 0,6 und die Populationssorte *Conduct* mit b = 0,7 sind als Extensivsorten einzustufen, die Hybridsorte *Bellami* und die Populationssorte *Amilo* mit jeweils b = 1,3 dagegen als Intensivsorten. Diese vier Sorten hatten Ökovalenzwerte von über 10 % und drei von ihnen eine relative Bestandesdichte von 95 %. Nur die Hybridsorte *Bellami* wies eine relative Bestandesdichte von 110 % auf.

Die Ergebnisse für das Ertragsstrukturmerkmal Kornzahl je Ähre sind im Tabelle A 13 zu entnehmen. Die Abbildung 22 stellt die Parameter Ökovalenz und Floating Checks für das Ertragsstrukturmerkmal Kornzahl je Ähre auf Sortenebene dar.

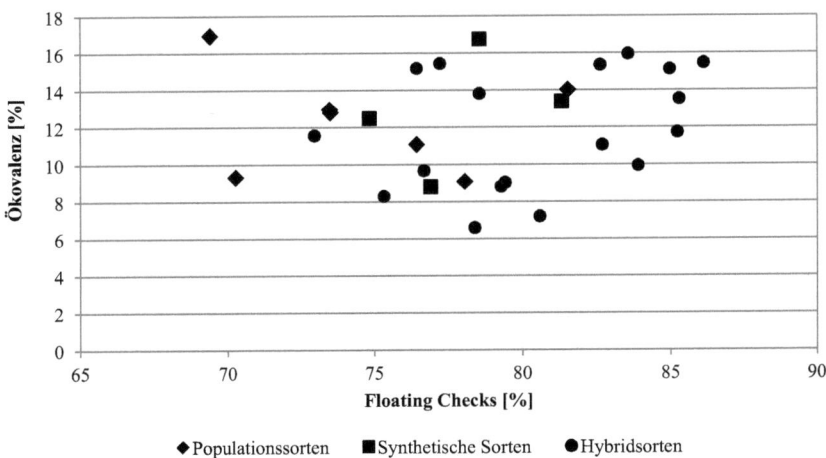

Abbildung 22: Ökovalenz und Floating Checks für das Merkmal Kornzahl je Ähre von Winterroggen (Landessortenversuche Brandenburg, 2003 bis 2011)
Quelle: LELF (2012 a) sowie eigene Berechnungen

Die Ökovalenzwerte des Sortiments schwankten von 6,6 bis 16,9 % und lagen mit dem Mittel von 12,1 % auf einem sehr hohen Niveau, d.h. noch über dem der Bestandesdichte. Eine Differenzierung zwischen den Sortentypen anhand der Ökovalenz war nicht möglich. Die Leistungsfähigkeit des Sortiments wies eine Variationsbreite von 69 bis 86 % Floating Checks auf. Die Hybridsorten erreichten ein signifikant höheres Leistungsniveau als die anderen beiden Sortentypen. Für die Berechnung der Floating Checks entsprachen 100 % einem Absolutwert von 58,7 Körnern je Ähre. Auch die relativen Kornzahlen je Ähre führten zu derselben Rangfolge wie die Floating Checks: Hybridsorten (102 %) > synthetische Sorten (98 %) > Populationssorten (94 %). Dabei entsprachen 100 % einem Absolutwert von 46,2 Körnern je Ähre. Im Sortiment hoben sich die Hybridsorten *Evolo* und *Minello* durch eine gute Kombination von Merkmalsstabilität und Leistungsfähigkeit positiv ab. Sie wiesen die geringsten Ökovalenzwerte auf (Evolo 6,6 %; Minello 7,2 %) und damit eine mittlere Merkmalsstabilität. Alle anderen Sorten lagen auf einem hohen Ökovalenzniveau von über 8 %. Die Reaktionsparameter des Sortiments ergaben im Mittel $b = 1,0$, so dass die Mehrzahl der Sorten Werte zwischen $b = 0,8$ und 1,2. aufwiesen. Die Hybridsorten *Helltop* und *Visello*, sowie die Populationssorten *Boresto*, *Dukato* und *Recrut* erreichten Werte zwischen $b = 0,6$ und 0,7 und sind daher im Merkmal Kornzahl je Ähre den Extensivtypen zugeordnet. Mit einem Reaktionsparameter von $b = 1,4$ zählen die Hybridsorten *Bellami* und *Palazzo* sowie die Populationssorte *Dankowskie Diament* dagegen zu den Intensivtypen.

Die ausgewählten Sorten konnten weiterhin den Bestandesdichte-, den Korndichte- und den Einzelährentypen zugeordnet werden. Hierbei zeigten die Sorten der drei Gruppen nur eine mittlere Differenz von 4 % bei den Floating Checks. Auch die mittleren Ökovalenzwerte ergaben für alle drei Gruppen sehr hohe Werte und deuteten auf eine insgesamt instabile Merkmalsausprägung hin. Für das Merkmal Kornzahl je Ähre lag keine deutliche Differenzierung zwischen diesen drei Gruppen vor. Allerdings lag, ebenso wie bei den anderen Parametern, eine erhöhte Heterogenität auf Sortenebene vor.

Die Ergebnisse für das Ertragsstrukturmerkmal Tausendkornmasse sind im Tabelle A 14 aufgeführt. Die Abbildung 23 stellt die Parameter Ökovalenz und Floating Checks für das Merkmal Tausendkornmasse auf Sortenebene dar.

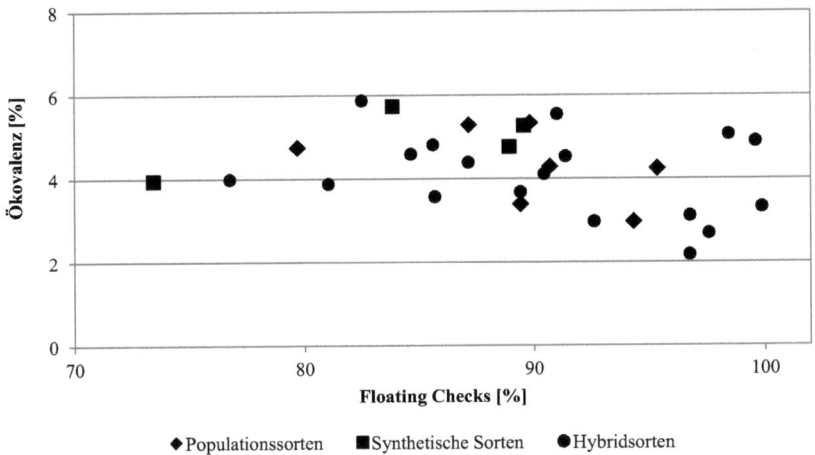

Abbildung 23: Ökovalenz und Floating Checks für das Merkmal Tausendkornmasse von Winterroggen (Landessortenversuche Brandenburg, 2003 bis 2011)
Quelle: LELF (2012 a) sowie eigene Berechnungen

Die Ökovalenzwerte lagen im Mittel des geprüften Sortiments auf einem geringen Niveau von 4,3 %, wobei die einzelnen Sorten eine Variationsbreite von 2,2 bis 5,9 % aufwiesen. Anhand der Ökovalenz war aufgrund der großen Streuung keine eindeutige Differenzierung zwischen den Sortentypen möglich. Beim Parameter Floating Checks fiel die Spannweite mit 73 bis 99 % auf Sortenebene ebenfalls groß aus, so dass es keine signifikanten Unterschiede in der Leistungsfähigkeit zwischen den Sortentypen gab. Für die Floating Checks entsprach die Berechnungsbasis von 100 % einer absoluten Tausendkornmasse von 37 g. Die Parameter relative Tausendkornmasse und Floating Checks zeigten im Mittel der synthetischen Sorten eine geringere Leistungsfähigkeit als die beiden anderen Sortentypen. Einzelne Sorten fielen durch gute und stabile Merkmalsausprägungen auf. Dies waren für das Merkmal Tausendkornmasse vornehmlich Hybridsorten, wie *Bellami* und *Brasetto*, aber auch die Populationssorte *Dukato*. Die Reaktionsparameter des Sortiments zeigten keine Auffälligkeiten. Alle Sorten lagen zwischen $b = 0,8$ und 1,1 und bestätigten damit die stabile Merkmalsausprägung für die Ertragskomponente Tausendkornmasse.

Die Sorten der Einzelährentypen wiesen im Mittel mit 92 % etwas höhere Floating Checks-Werte auf, allerdings mit einer Ökovalenz von 5,2 % auch eine weniger stabile Merkmalsausprägung als die Sorten der Korndichte- und Bestandesdichtetypen.

In Abbildung 24 ist der Kornertrag in Abhängigkeit von der klimatischen Wasserbilanz im Mittel aller geprüften Roggensorten am Standort Nuhnen dargestellt.

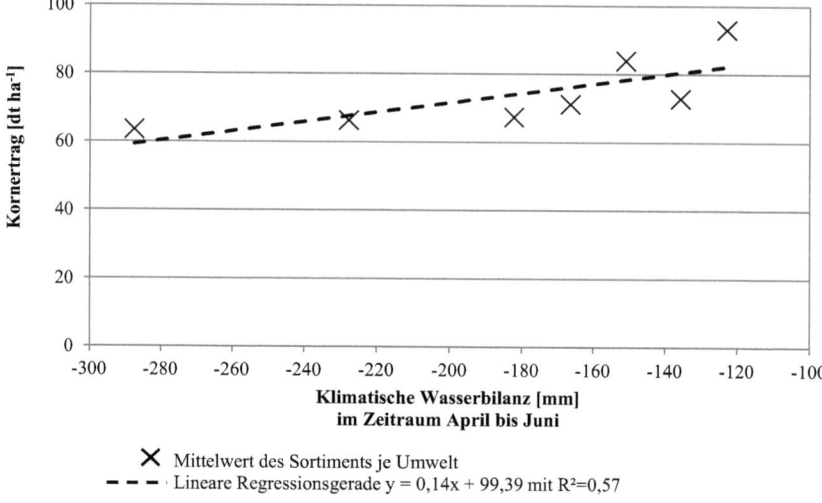

Abbildung 24: Kornertrag von Winterroggen in Abhängigkeit von der klimatischen Wasserbilanz am Standort Nuhnen (2003 bis 2009)
Quelle: LELF (2012 a) sowie eigene Berechnungen

Für den Prüfzeitraum 2003 bis 2009 am Standort Nuhnen war der Zusammenhang zwischen Kornertrag und der klimatischen Wasserbilanz für die Monate April bis Juni signifikant. Die lineare Regression betrug $R^2 = 0,57$ und die Korrelation nach Pearson $r = 0,76$ ($p < 0,05$). Der Wertebereich des mittleren Kornertrages umfasste 60 bis 81 dt ha^{-1}. Eine zusätzliche Bewertung anhand der Sortentypen zeigte, dass die Hybridsorten mit zunehmender Trockenheit (KWB < -180 mm) höhere Erträge als die Populationssorten erzielten. Die synthetischen Sorten nahmen eine Mittelstellung ein.

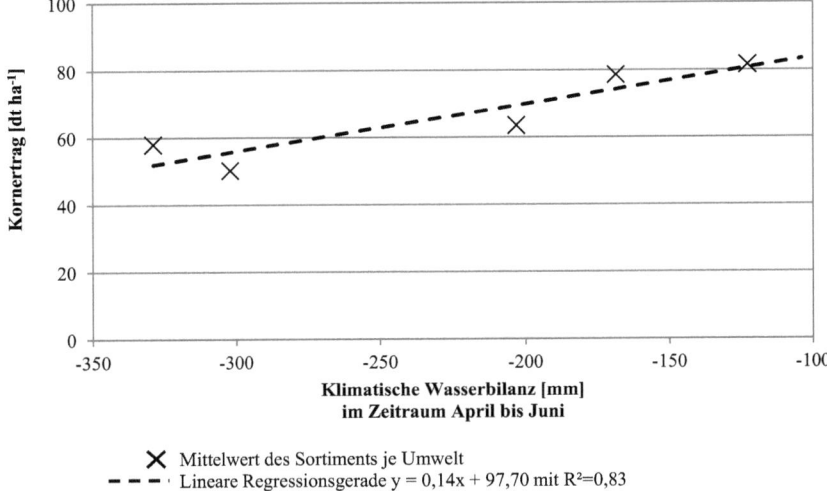

Abbildung 25: Kornertrag von Winterroggen in Abhängigkeit von der klimatischen Wasserbilanz am Standort Güterfelde (2003-2004 und 2009-2011)
Quelle: LELF (2012 a) sowie eigene Berechnungen

Für den fünfjährigen Prüfzeitraum am Standort Güterfelde war der Zusammenhang zwischen Kornertrag und der klimatischen Wasserbilanz für die Monate April bis Juni mit R^2 = 0,83 (lineare Regression) ebenfalls signifikant (Abbildung 25). Weiterhin bestätigte die Korrelation nach Pearson mit r = 0,91 (p < 0,05) diesen Zusammenhang. Die Spanne der Kornerträge betrug 55 bis 82 dt ha^{-1}.

Eine zusätzliche Bewertung anhand der Sortentypen zeigte, dass die im Sortiment geprüften Hybridsorten auch unter trockeneren Umweltbedingungen (KWB < -250 mm) noch eine höhere Ertragsleistung erbrachten als die Populationssorten. Die synthetischen Sorten nahmen hier ebenfalls eine Mittelstellung ein.

5.3.3 Ergebnisse bei Winterweizen

Der Einfluss der einzelnen Variationsursachen auf die Ertragsvariabilität und Variabilität der Ertragsstrukturmerkmale von Winterweizen ist in Tabelle 35 dargestellt.

Tabelle 35: Variationsursachen des Kornertrags und der Ertragsstruktur von Winterweizen (Faktor: Qualitätsgruppe), (Landessortenversuche Brandenburg, 2003 bis 2011)

Variationsursachen	Korn-ertrag	Bestandes-dichte	Kornzahl je Ähre	Tausend-kornmasse	Rohprotein-gehalt
	Angaben in %				
Jahreswitterung	25,1*	20,7	9,7	53,0*	21,8*
Boden	57,2*	45,0*	24,0	21,0*	19,0*
Qualitätsgruppe	0,1*	0,1	3,5*	1,2*	11,2*
Wechselwirkung Boden - Jahreswitterung	16,6	24,2*	42,7*	20,3*	42,8*
Wechselwirkung Qualitätsgruppe - Jahreswitterung	0,2*	2,1	4,4	2,0*	2,7*
Wechselwirkung Boden - Qualitätsgruppe	0,1	2,8	3,2	1,3*	0,9
Wechselwirkung Boden - Jahreswitterung - Qualitätsgruppe	0,6	5,0	12,5	1,3	1,7

Legende: * = signifikant für p < 0,05
Quelle: LELF (2012 a) sowie eigene Berechnungen

Die Variabilität des Kornertrags wurde mit 57,2 % maßgeblich durch den Bodeneinfluss geprägt. Mit der Jahreswitterung konnten 25,1 % der Ertragsschwankungen erklärt werden. Den drittgrößten Einfluss mit einem Anteil von 16,6 % wies die Wechselwirkung von Boden und Jahreswitterung auf. Die Qualitätsgruppe als Variationsursache spielte als Haupt- und Wechselwirkung nur eine untergeordnete Rolle (0,1 und 0,6 %). Auch die Variabilität der Bestandesdichte wurde hauptsächlich durch den Faktor Boden beeinflusst. Deutlich geringer waren die Anteile der Wechselwirkung von Boden und Jahreswitterung (24,2 %) sowie der Jahreswitterung (Hauptwirkung 20,7 %). Der Faktor Qualitätsgruppe wies auch hier nur einen sehr geringen und nicht signifikanten Einfluss (0,1 %) auf die Variabilität der Bestandesdichte auf. Für die Schwankungen der Kornzahl je Ähre wurde der Wechselwirkung aus Boden und Jahreswitterung mit 42,7 % der größte Einfluss zugeordnet, wobei auch in diesem Fall der Anteil des Bodens erheblich höher ausfiel als der der Jahreswitterung. Im Vergleich übte die Jahreswitterung mit einem Anteil von 53,0 % bei der Tausendkornmasse den größten Einfluss auf die Merkmalsvariabilität aus. Die Anteile der Faktoren Boden und Wechselwirkung zwischen Boden und Jahreswitterung hatten einen ähnlich großen Einfluss auf die Merkmalsausprägung der Tausendkornmasse. Den größten Einfluss auf die Variabilität des Rohproteingehaltes mit einem Anteil von 42,8 % hatte die Wechselwirkung von Boden und Jahreswitterung. Im Vergleich aller geprüften Merkmale erreichte die Qualitätsgruppe erwartungsgemäß beim Rohproteingehalt einen relevanten und signifikanten Anteil von 11,2 %.

Die Variationsursachen für den Kornertrag und die Ertragsstrukturmerkmale von Winterweizen, gerechnet auf Sortenbasis, sind in Tabelle 36 zusammengefasst.

Tabelle 36: Variationsursachen des Kornertrags und der Ertragsstruktur von Winterweizen (Faktor: Sorte), (Landessortenversuche Brandenburg, 2003 bis 2011)

Variationsursachen	Kornertrag	Bestandes-dichte	Kornzahl je Ähre	Tausend-kornmasse	Rohprotein-gehalt
	Angaben in %				
Jahreswitterung	10,9*	9,0*	4,0	31,6*	9,0
Boden	59,4*	31,0*	18,1	24,3*	21,0*
Sorte	2,3*	11,9*	23,9*	18,3*	21,4*
Wechselwirkung Boden - Jahreswitterung	21,9*	16,9*	15,8*	16,9*	5,8*
Wechselwirkung Sorte - Jahreswitterung	1,3*	5,3*	7,9	2,6*	29,6*
Wechselwirkung Boden - Sorte	2,5	13,7	19,0*	4,3*	6,7*
Wechselwirkung Boden - Sorte - Jahreswitterung	1,8	12,3	11,4	2,1	4,4

Legende: * = signifikant für p < 0,05
Quelle: LELF (2012 a) sowie eigene Berechnungen

Die wesentliche Ursache für die Ertragsvariabilität war der Faktor Boden (59,4 %). Die Interaktion aus Boden und Jahreswitterung erreichte einen Anteil von 21,9 %, während die Jahreswitterung einen Anteil von 10,9 % aufwies. Dem Faktor Sorte konnte nur ein geringer, aber dennoch signifikanter Einfluss von 2,3 % zugeordnet werden. Dabei machten auch die Wechselwirkungen von Sorte und Jahreswitterung einen signifikanten Anteil von 1,3 % aus. Für die Variabilität der Bestandesdichte waren maßgeblich der Bodeneinfluss sowie die Wechselwirkung von Boden und Jahreswitterung verantwortlich. Der Faktor Jahreswitterung spielte dagegen eine eher untergeordnete Rolle. Dem Faktor Sorte fiel ein signifikanter Einfluss von 11,9 % zu. Einen deutlich größeren Einfluss (23,9 %) übte die Sorte auf die Variabilität der Kornzahl je Ähre aus. Bei diesem Merkmal waren lediglich die Wechselwirkung aus Boden und Jahreswitterung bzw. Sorte signifikant. Beim Merkmal Tausendkornmasse wurde die Variabilität hauptsächlich durch die Jahreswitterung verursacht. Die Sorte und die Wechselwirkung zwischen Boden und Jahreswitterung erreichten etwa gleich große, signifikante Anteile von 17 bis 18 %. Die Variabilität des Rohproteingehalts konnte mit einem signifikanten Anteil von 21,4 % durch den Sorteneinfluss und durch die Wechselwirkung zwischen Sorte und Jahreswitterung (29,6 %) erklärt werden. Der Einfluss des Bodens wurde mit 21,4 % ausgewiesen. Die Wechselwirkungen zwischen Boden und Sorte bzw. Boden und Jahreswitterung lagen nur im Bereich von 6 bis 7 %.

In Tabelle 37 ist der Sorteneinfluss, differenziert nach den Qualitätsgruppen A, B und C, an der Variabilität der Ertragskomponenten dargestellt.

Tabelle 37: Anteile der Ertragsstrukturmerkmale an der Variabilität des Kornertrags von Winterweizen (Landessortenversuche Brandenburg, 2003 bis 2011)

Ertragsstrukturmerkmale	Anteile an der Merkmalsvariabilität je Qualitätsgruppe [%]		
	A-Sorten	B-Sorten	C-Sorten
Bestandesdichte	43,2	44,1	27,3
Kornzahl je Ähre	28,7	24,3	34,5
Tausendkornmasse	28,1	31,6	38,2

Legende: alle angegebenen Werte signifikant für $p < 0,05$
Quelle: LELF (2012 a) sowie eigene Berechnungen

Die Kornerträge der A-Sorten wurden zu fast gleichen Anteilen von den beiden Merkmalen Kornzahl je Ähre und Tausendkornmasse beeinflusst. Die Bestandesdichte übte mit 43,2 % den größten Einfluss auf die Ertragsvariabilität aus. Bei den B-Sorten wurde der Kornertrag ebenfalls hauptsächlich von der Bestandesdichte geprägt, der zweitgrößte Einfluss war mit 31,6 % auf die Tausendkornmasse zurückzuführen. Bei den C-Sorten zeigte die Tausendkornmasse mit 38,2 % den größten Einfluss auf die Ertragsvariabilität, die Kornzahl je Ähre erzielte 34,5 %. Der Einfluss der Bestandesdichte erreichte im Vergleich der drei Qualitätsgruppen mit 27,3 % bei den C-Sorten den geringsten Anteil an der Ertragsvariabilität.

Im Vergleich der Qualitätsgruppen wurde weiterhin deutlich, dass die Ertragsschwankungen der C-Sorten zumeist durch die Kornzahl je Ähre und Tausendkornmasse begründet waren. Die Ertragsvariabilität der A- und B-Sorten hing dagegen hauptsächlich von der Bestandesdichte ab.

Der mittlere Kornertrag lag im Zeitraum 2003 bis 2011 für das in die Auswertung einbezogene Sortiment bei 71 dt ha^{-1} (Abbildung 26). Für den betrachteten Zeitraum bestand kein Trend hinsichtlich der mittleren Ertragsentwicklung. Die Jahresschwankungen waren dagegen deutlich erkennbar, wie z. B. das Trockenjahr 2003 mit einem sehr geringen Ertragsniveau von 46 dt ha^{-1} und im Vergleich dazu die guten Ertragsjahre 2004, 2009 und 2010 mit über 80 dt ha^{-1}. Es bestanden keine signifikanten Unterschiede zwischen den mittleren Kornerträgen der in die Auswertung einbezogenen A-, B- und C-Sorten.

5 Experimentelle Basis und Ergebnisse 93

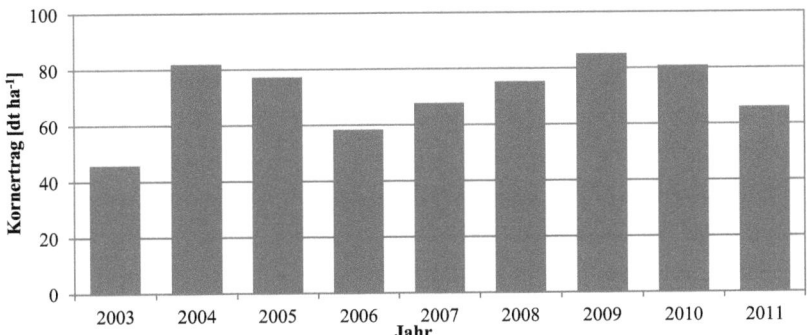

Abbildung 26: Jährliche Ertragsleistung des ausgewählten Sortiments von Winterweizen
(Landessortenversuche Brandenburg, 2003 bis 2011)
Quelle: modifiziert nach LELF (2012 a)

Die Ergebnisse für das Prüfmerkmal Kornertrag auf Sortenebene sind im Tabelle A 15 und 53 aufgeführt. Die Abbildung 27 stellt die Parameter Ökovalenz und Floating Checks für das Merkmal Kornertrag der ausgewählten Sorten dar.

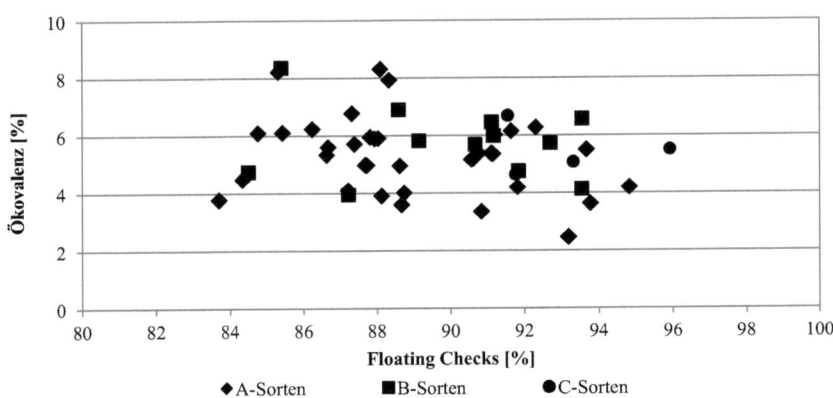

Abbildung 27: Ökovalenz und Floating Checks für das Merkmal Kornertrag von Winterweizen
(Landessortenversuche Brandenburg, 2003 bis 2011)
Quelle: LELF (2012 a) sowie eigene Berechnungen

Die relativen Kornerträge des Sortiments schwankten von 95 bis 111 % bei einer mittleren Bezugsbasis von 71,6 dt ha^{-1}. Die Ertragsfähigkeit lag zwischen 84 und 96 % Floating Checks. Eine Differenzierung der Ertragsfähigkeit zwischen den geprüften Sorten der Qualitätsgruppen A, B und C konnte nicht festgestellt werden. Allerdings ergaben sich auf Sortenebene zum Teil erhebliche Ertragsunterschiede von bis zu 16 % im relativen Kornertrag. Das mittlere Niveau der Ökovalenz betrug 5,4 % und entsprach einer mittleren Ausprägungsstufe. Die Variationsbreite der einzelnen Sorten erreichte 2,5 bis 8,4 %, allerdings wiesen nur die Sorten *SW Tataros, Tiger, Toras* und *Drifter* ein hohes Ökovalenzniveau von über 7,5 % auf. Diese vier Sorten zeigten damit im Vergleich zum Gesamtsortiment eine geringere Ertragssicherheit und auch eine unterdurchschnittliche Leistungsfähigkeit (Floating Checks < 90 %). Die Hybridsorte *Hybred* erreichte im Vergleich zu den Liniensorten die dritthöchste Ertragsfähigkeit mit 93,6 % Floating Checks bzw. einem relativen Kornertrag von 106 %. Die Ertragssicherheit der Sorte *Hybred* entsprach mit einem Ökovalenzwert von 6,6 % einem mittleren Niveau. Die im Vergleich höchste Ertragssicherheit in Kombination mit einer überdurchschnittlichen Ertragsleistung bestand bei der A-Sorte *Linus* (2,5 % Ökovalenz und 93,2 % Floating Checks). Die Ergebnisse der Ökoregression wiesen bezüglich des Reaktionsparameters keine Auffälligkeiten auf. Alle geprüften Sorten lagen im Normalbereich von b = 0,8 bis 1,2. Das geprüfte Sortiment zeigte auch im Hinblick auf Ertragsleistung und Ertragssicherheit bei Betrachtung von Bestandesdichte-, Korndichte-, Einzelähren- und Kompensationstypen keine deutlich erkennbaren Unterschiede.

Die Ergebnisse für das Prüfmerkmal Bestandesdichte auf Sortenebene sind im Tabelle und 55 aufgeführt. Die Abbildung 28 stellt die Parameter Ökovalenz und Floating Checks für das Merkmal Bestandesdichte der ausgewählten Sorten dar.

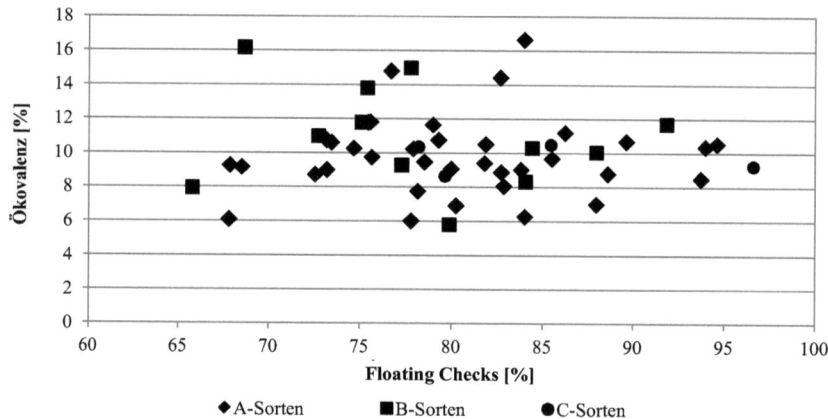

Abbildung 28: Ökovalenz und Floating Checks für das Merkmal Bestandesdichte von Winterweizen (Landessortenversuche Brandenburg, 2003 bis 2011)
Quelle: LELF (2012 a) sowie eigene Berechnungen

Die mittlere Ausprägung der Bestandesdichte im geprüften Sortiment lag bei 479 Ähren m^{-2}, wobei sich eine große Variationsbreite mit relativen Bestandesdichten von 88 % bis 122 % ergab. Auf Grund dieser Streuung war keine gesicherte Differenzierung hinsichtlich der Qualitätsgruppen möglich, allerdings zeigten die vier geprüften C-Sorten eine tendenziell höhere Bestandesdichte im Vergleich zu den A- und B-Sorten.

Die Leistungsfähigkeit im Merkmal Bestandesdichte reichte auf Sortenebene von 66 bis 97 % Floating Checks, wobei sich die Mehrzahl der geprüften Sorten auf den Bereich zwischen 75 und 85 % konzentrierte.

Die Ökovalenzwerte lagen insgesamt auf einem hohen bis sehr hohen Niveau. Die Unterschiede zwischen den einzelnen Sorten reichten von 5,8 bis 16,6 %. Nur sechs Sorten erzielten ein mittleres Ökovalenzniveau, alle anderen Sorten zeigten instabilere Merkmalsausprägungen. Von diesen sechs Sorten erwiesen sich vor allem die A-Sorten *Gaston* und *Meteor* mit einer Ökovalenz von kleiner als 7 % und Floating Checks von über 85 % im Vergleich zum Restsortiment als gute Kombination von Stabilität und Leistungsfähigkeit.

Die Reaktionsparameter erreichten Werte zwischen b = 0,6 und 1,6. Daraus ergaben sich sechs Sorten mit einer Tendenz zum Extensivtyp (besonders die A-Sorte *Batis* b = 0,6) und acht Sorten mit einer Tendenz zum Intensivtyp (beispielsweise die A-Sorte *Ellvis* b = 1,6). Die A-Sorten *Batis* und *Ellvis* erreichten bei der Ökovalenzberechnung die höchsten Werte im Sortiment, was die sehr instabile Merkmalsausprägung bestätigte.

Die Sorten des Bestandesdichtetyps zeigten die größte Leistungsfähigkeit (86 % Floating Checks und 104 % relative Bestandesdichte) in Kombination mit einem Ökovalenzniveau von 10 %. Auf dem zweiten Rang lagen die Sorten der Kompensations- und Korndichtetypen mit 99 % relativer Bestandesdichte und ähnlichen Ökovalenzwerten (10 %). Die Sorten des Einzelährentyps erreichten die geringste Leistungsfähigkeit im Merkmal Bestandesdichte, die Bewertung hinsichtlich ihrer Merkmalsstabilität unterschied sich nicht von der anderer Typen.

Die Ergebnisse für das Prüfmerkmal Kornzahl je Ähre auf Sortenebene sind im Tabelle A 19 und 57 aufgelistet. Die Abbildung 29 stellt die Parameter Ökovalenz und Floating Checks für das Merkmal Kornzahl je Ähre der ausgewählten Sorten dar.

5 Experimentelle Basis und Ergebnisse   96

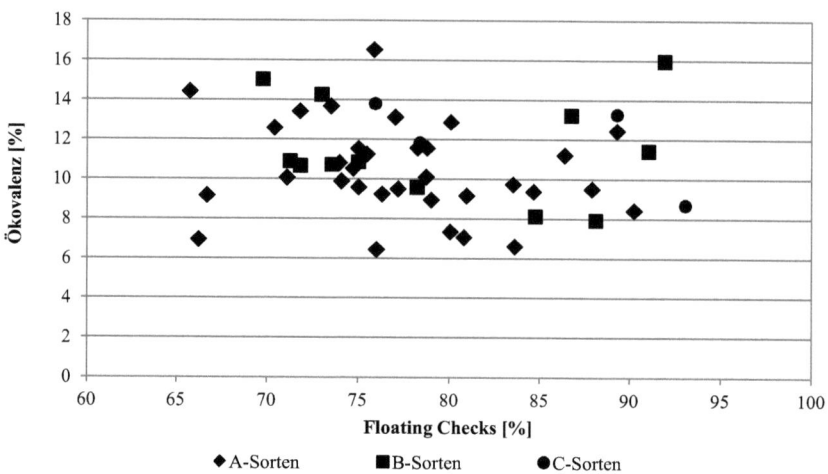

Abbildung 29: Ökovalenz und Floating Checks für das Merkmal Kornzahl je Ähre von Winterweizen
(Landessortenversuche Brandenburg, 2003 bis 2011)
Quelle: LELF (2012 a) sowie eigene Berechnungen

Die Variationsbreite der Ökovalenzwerte reichte von 6,5 bis 16,5 % und lag im Mittel des Sortiments bei 10,8 %. Lediglich fünf Sorten erreichten einen mittleren Ökovalenzbereich von unter 7,5 %, was auf eine mittlere Merkmalsstabilität dieser Sorten schließen ließ. Die Leistungsfähigkeit der geprüften Sorten beim Merkmal Kornzahl je Ähre konnte im Durchschnitt mit 36 Körnern je Ähre angegeben werden. Auf Sortenebene schwankten die relative Kornzahl von 85 bis 127 % und die Floating Checks von 66 bis 93 %. Eine Differenzierung zwischen den geprüften A-, B- und C-Sorten war nicht möglich, da die Merkmalsausprägung auf Sortenebene wie bei der Bestandesdichte sehr heterogen ausfiel. Eine gute Kombination von Leistungsfähigkeit und Merkmalsstabilität vereinten die A-Sorten *Meteor* und *Brilliant*, die B-Sorten *Kredo* und *Terrier*, sowie die C-Sorte *Tabasco*. Diese Sorten fielen im Sortiment mit Floating Checks von über 83 % und Ökovalenzwerten unter 9 % positiv auf. Die Reaktionsparameter der Ökoregression verdeutlichten, dass von insgesamt 49 geprüften Sorten zehn Sorten zum Extensivtyp tendierten (z. B. die A-Sorte *Retro* mit b = 0,6) und sieben Sorten, wie z. B. die B-Sorte *Ephoros* mit b = 1,4, dem Intensivtyp zugeordnet werden konnten. Die Sorten der Korndichtetypen erzielten im Mittel eine relative Kornzahl je Ähre von 107,2 % und 83,3 % Floating Checks. Mit diesen Werten erreichten die Sorten der Korndichtetypen eine tendenziell höhere Leistungsfähigkeit im Vergleich zu den Sorten der Bestandesdichte-,

Kompensations- und Einzelährentypen. Im Hinblick auf die Ökovalenz und Reaktionsparameter bestanden keine Unterschiede zwischen den Sorten der verschiedenen Ertragstypen.

Die Ergebnisse für das Prüfmerkmal Tausendkornmasse auf Sortenebene sind im Tabelle A 21 und 59 zu entnehmen. Die Abbildung 30 stellt die Parameter Ökovalenz und Floating Checks für das Merkmal Tausendkornmasse der ausgewählten Sorten dar.

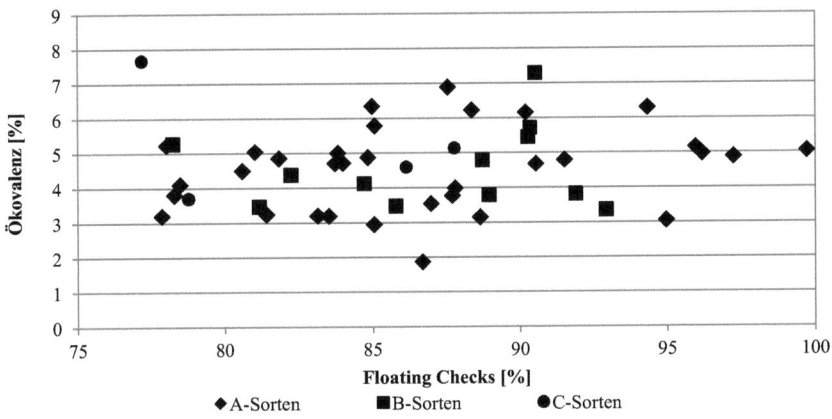

Abbildung 30: Ökovalenz und Floating Checks für das Merkmal Tausendkornmasse von Winterweizen (Landesssortenversuche Brandenburg, 2003 bis 2011)
Quelle: LELF (2012 a) sowie eigene Berechnungen

Die Tausendkornmasse zeigte die höchste Merkmalsstabilität der Ertragskomponenten. Hier lagen die Ökovalenzwerte im Durchschnitt des geprüften Sortiments auf einem geringen Niveau von 4,6 % mit einer Variationsbreite von 1,9 bis 7,7 %. Die geringste Ökovalenz erreichte die A-Sorte *SW Tataros* mit 1,9 %. Demgegenüber zeigte die C-Sorte *Skalmeje* eine eher instabile Merkmalsausprägung mit einem Ökovalenzwert von 7,7 %. Die Leistungsfähigkeit im Merkmal Tausendkornmasse wies eine Spannweite auf Sortenebene von 77 bis 99 % Floating Checks bzw. 88 bis 117 % relative Tausendkornmasse (Bezugsbasis 49,2 g) auf. Die beste Kombination des Sortiments hinsichtlich Merkmalsstabilität und Leistungsfähigkeit erbrachte die A-Sorte *Meister*. Sie zeichnete sich durch eine relative Tausendkornmasse von 110 %, 95 % Floating Checks und eine Ökovalenz von 3,0 % aus. Die Reaktionsparameter der geprüften Sorten lagen zwischen b = 0,7 und 1,5. Die A-Sorten *Format* und *Retro* konnten mit einem Reaktionsparameter von b = 0,7 dem Extensivtyp zugeordnet werden. Im Sortiment wiesen zehn Sorten einen

Reaktionsparameter von b > 1,2 auf und damit eine Tendenz zum Intensivtyp. Die höchsten Reaktionsparameter erreichten mit b = 1,5 die A-Sorte *Meteor* und die C-Sorte *Skalmeje*. Die einzelnen Ertragstypen ergaben hinsichtlich der Reaktionsparameter mit b = 1,0 keine Unterschiede. Lediglich bei den Ökovalenzwerten schienen die Sorten der Korndichte- und Kompensationstypen mit 4,3 % eine etwas stabilere Merkmalsausprägung zu erzielen im Vergleich zu den Bestandesdichte- und Einzelährentypen mit 5,1 %. Die Leistungsfähigkeit beim Merkmal Tausendkornmasse ließ eine klare Rangordnung zwischen den geprüften Sorten der einzelnen Ertragstypen erkennen. Die Sorten des Einzelährentypus erreichten das im Vergleich höchste Leistungsniveau mit einer relativen Tausendkornmasse von 105 %. Eine Mittelstellung nahmen die Sorten des Kompensationstyps (102 %) und Bestandestyps (99 %) ein, während die Korndichtetypen 96 % erreichten.

Die Ergebnisse für das Prüfmerkmal Rohproteingehalt auf Sortenebene sind im Tabelle A 23 und 61 aufgeführt. Die Abbildung 31 stellt die Parameter Ökovalenz und Floating Checks für das Merkmal Rohproteingehalt der ausgewählten Sorten dar.

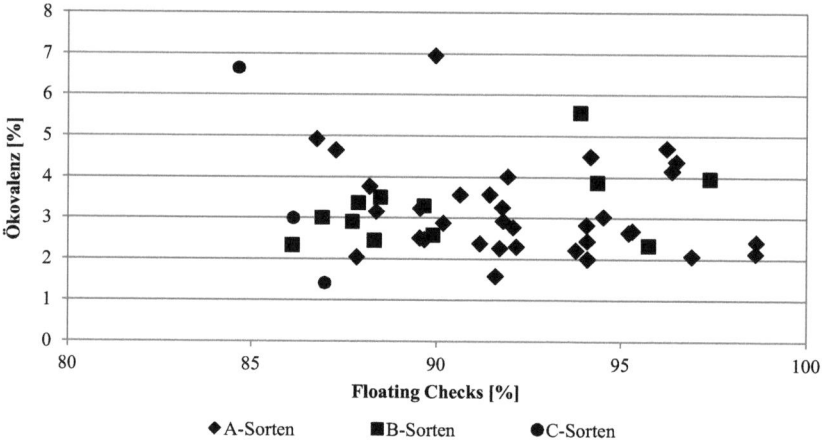

Abbildung 31: Ökovalenz und Floating Checks für das Merkmal Rohproteingehalt von Winterweizen (Landessortenversuche Brandenburg, 2003 bis 2011)
Quelle: LELF (2012 a) sowie eigene Berechnungen

Die mittlere Merkmalsausprägung des Sortiments in den geprüften Umwelten lag bei einem Rohproteingehalt von 14 %. Die relativen Rohproteingehalte der einzelnen Sorten schwankten dabei zwischen 94 und 110 %. Die Variationsbreite der Floating Checks betrug 85 bis 99 %. Zwischen den geprüften Sorten der einzelnen Qualitätsgruppen bestanden die erwarteten signifikanten Unterschiede (p < 0,05) hinsichtlich der Floating Checks für das Merkmal Rohproteingehalt, mit der Rangfolge A-Sorten > B-Sorten > C-Sorten. Die Stabilitätsbetrachtung ergab für das Sortiment einen mittleren Ökovalenzwert von 3,2 % und deutete somit auf eine insgesamt sehr stabile Merkmalsausprägung hin. Zwischen den Qualitätsgruppen bestanden dabei keine signifikanten Unterschiede. Die Spannweite der sortenbezogenen Ökovalenzwerte betrug 1,4 bis 6,9 %, wobei die Mehrzahl der Sorten Ökovalenzwerte zwischen 2,5 und 5 % aufwies. Die Sorten *Gecko* und *Biscay* hoben sich durch erhöhte Ökovalenzwerte und mittlere bis unterdurchschnittliche Floating Checks negativ vom Restsortiment ab. Die A-Sorten *Kometus* und *Tiger* zeichneten sich dagegen durch sehr gute Stabilität (Ökovalenzwerte < 2,5%) und hohe Leistungsfähigkeit im Merkmal Rohproteingehalt aus. Auf Sortenebene bestand eine große Variationsbreite der Reaktionsparameter (b =0,3 bis 1,6), unabhängig von den Qualitätsgruppen.

Die Ergebnisse für das Prüfmerkmal Rohproteinertrag auf Sortenebene sind im Tabelle A 25 und 63 aufgeführt. Die Abbildung 32 stellt die Parameter Ökovalenz und Floating Checks für das Merkmal Rohproteinertrag der ausgewählten Sorten dar.

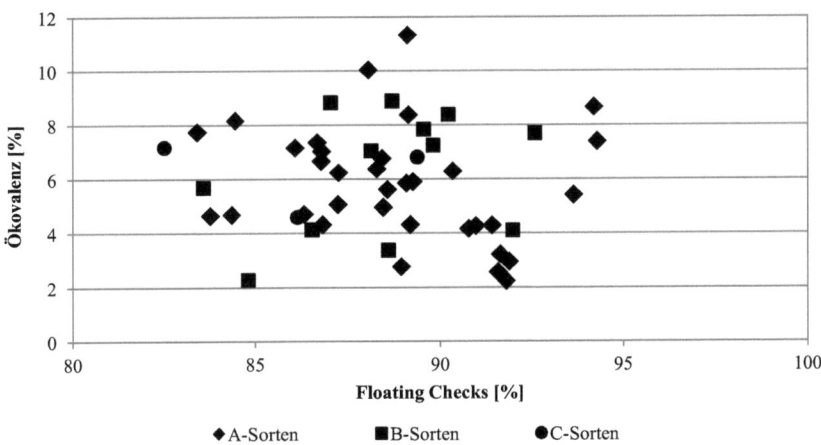

Abbildung 32: Ökovalenz und Floating Checks für das Merkmal Rohproteinertrag von Winterweizen (Landessortenversuche Brandenburg, 2003 bis 2011)
Quelle: LELF (2012 a) sowie eigene Berechnungen

Die mittlere Merkmalsausprägung für das geprüfte Sortiment betrug beim Rohproteinertrag 8,9 dt ha^{-1} mit einer Variationsbreite des relativen Rohproteinertrages auf Sortenebene von 94 bis 108 %. Die Spannweite der Floating Checks auf Sortenebene lag bei 82 bis 94 %. Der mittlere Ökovalenzwert betrug 6 % und reichte auf Sortenebene von 2 bis 11 %. Zwischen den Qualitätsgruppen konnten keine signifikanten Unterschiede hinsichtlich ihrer Leistungsfähigkeit und Stabilität im Merkmal Rohproteinertrag festgestellt werden. Auf Sortenebene bestanden allerdings deutliche Differenzen. So erwiesen sich im Vergleich beispielsweise die C-Sorte *Biscay* als leistungsschwächste Sorte und die A-Sorte *Gecko* als instabilste Sorte. Die beste Kombination aus sehr guter Leistungsfähigkeit und ausgezeichneter Stabilität boten vor allem die A-Sorten *JB Asano*, *Linus* und *Discus*. Hinsichtlich der Reaktionsweise auf sich verändernde Umweltbedingungen zeigte sich die Mehrheit der geprüften Sorten im stabilen, mittleren Bereich (b = 0,8 bis 1,2). Lediglich die A-Sorte *Levendis* und die B-Sorte *Mulan* zeigten eine Tendenz zum Intensivtyp (b = 1,3) und die A-Sorte *Format* eine Tendenz zum Extensivtyp (b = 0,7) auf.

In Abbildung 33 wird die Abhängigkeit des Kornertrags von der klimatischen Wasserbilanz im Mittel aller geprüften Weizensorten am Standort Nuhnen dargestellt. Für den Prüfzeitraum von 2003 bis 2009 konnte der Zusammenhang zwischen Kornertrag und klimatischer Wasserbilanz im Zeitraum der Monate April bis Juni mittels linearer Regression ($R^2 = 0,71$) und Korrelation nach Pearson für $r = 0,84$ ($p < 0,05$) als signifikant bestätigt werden. Die Spanne der mittleren Kornerträge betrug 40 bis 73 dt ha^{-1}.

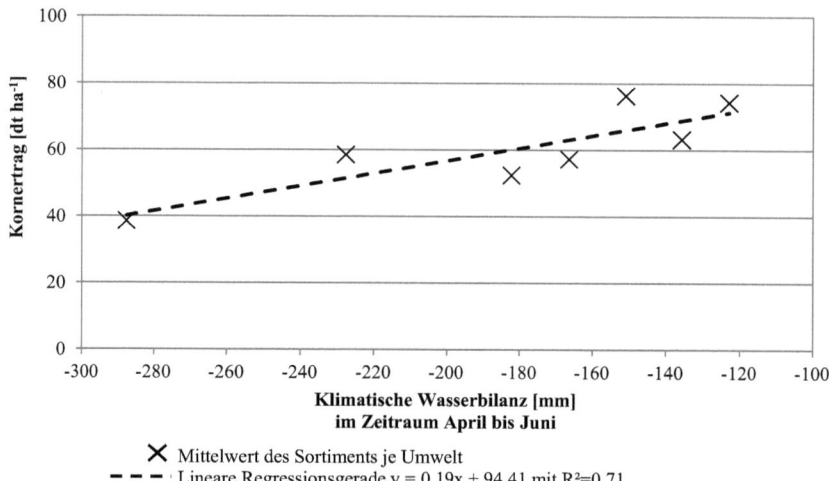

Abbildung 33: Kornertrag von Winterweizen in Abhängigkeit von der klimatischen Wasserbilanz am Standort Nuhnen (2003 bis 2009)
Quelle: LELF (2012 a) sowie eigene Berechnungen

In gleicher Weise konnte der Zusammenhang zwischen Kornertrag und klimatischer Wasserbilanz im Zeitraum der Monate April bis Juni für den Prüfzeitraum von 2003 bis 2011 am Standort Güterfelde mittels linearer Regression ($R^2 = 0{,}57$) bestätigt werden (Abbildung 34). Die Korrelation nach Pearson war auf dem Niveau von $p < 0{,}05$ für $r = 0{,}75$ signifikant, wobei die mittleren Kornerträge zwischen 38 bis 68 dt ha^{-1} lagen.

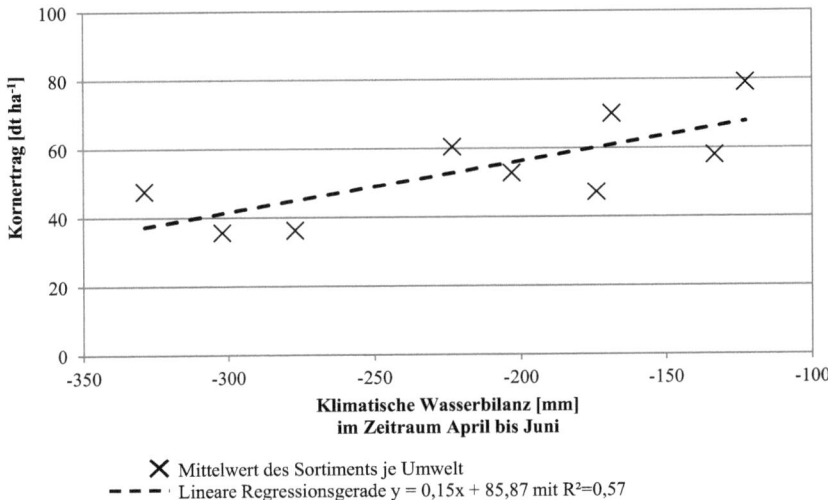

✕ Mittelwert des Sortiments je Umwelt
— — — Lineare Regressionsgerade $y = 0{,}15x + 85{,}87$ mit $R^2 = 0{,}57$

Abbildung 34: Kornertrag von Winterweizen in Abhängigkeit von der klimatischen Wasserbilanz am Standort Güterfelde (2003 bis 2011)
Quelle: LELF (2012 a) sowie eigene Berechnungen

Zusammenfassend kann aus den Ergebnissen der Landessortenversuche zwischen 2003 und 2011 abgeleitet werden, dass die Umwelt (Boden und Jahreswitterung) erwartungsgemäß den größten Anteil an der Variabilität der Prüfmerkmale, insbesondere des Kornertrags, zeigte. Die Variationsanteile der Ertragskomponenten ergaben dabei folgende Rangordnung: Bestandesdichte > Kornzahl je Ähre > Tausendkornmasse. Für alle geprüften Merkmale konnten erhebliche Unterschiede zwischen den geprüften Sorten hinsichtlich ihrer Ökostabilität und Leistungsfähigkeit festgestellt werden.

6 Diskussion zur Sortenbewertung

Im Folgenden werden die Ergebnisse zur Ertragsleistung und Ökostabilität für Winterroggen und Winterweizen zunächst separat und daran anschließend vergleichend diskutiert. Im Weiteren wird die Methodik zur Sortenbewertung hinsichtlich ihrer Aussagefähigkeit, der Vor- und Nachteile sowie der Anwendbarkeit betrachtet.

6.1 Winterroggen

Die Umwelt (Boden und Jahreswitterung) zeigte erwartungsgemäß den größten Anteil an der Variabilität der Prüfmerkmale, insbesondere des Kornertrags. In diesem Zusammenhang wird auch deutlich, dass die Wirkungen des Bodens immer eng mit der Witterung verbunden sind (GODDING & DAVIES, 1997), was die hohen Anteile der Wechselwirkungen aus Boden und Jahreswitterung in den Landessortenversuchen mit 34 % und im Ringversuch mit 39 % verdeutlichen. Die Faktoren Sortentyp und Sorte spielen eine eher untergeordnete Rolle. Der Faktor Sortentyp zeigte in den Landessortenversuchen nur einen Anteil von 4 % an der Ertragsvariabilität, der Sorteneinfluss erreichte demgegenüber einen etwas höheren Anteil von 7 %. Die Umwelteinflüsse sind durch das Anbauverfahren nur sehr begrenzt in Ihrer Wirkung veränderbar, allerdings besteht durch die Wahl geeigneter Sorten eine gute Möglichkeit, das Ertragsergebnis positiv zu beeinflussen. Aus diesem Grund erscheinen auf den ersten Blick die Anteile der Faktoren Sortentyp und Sortenwahl an der Merkmalsvariabilität gering. Es gibt aber auch Anzeichen, dass das Potential einer standortangepassten Sortenwahl beträchtlich sein kann. Dies belegen die Befunde vom Standort Thyrow, wo in Sortenversuchen der Anteil des Sortentyps 14 % und der Sorte 18 % an der Ertragsvariabilität ausmachte.

Für das Ertragsniveau war die Bekörnung der Ähre ausschlaggebender als die Bestandesdichte. Deshalb waren die Anteile der Faktoren Sorte und Sortentyp an der Merkmalsvariabilität der Kornzahl je Ähre mit 4 % (Landessortenversuche) bzw. 12 % (Ringversuch) deutlich höher als die der Ertragskomponenten Bestandesdichte und Tausendkornmasse. Die Ertragskomponenten Bestandesdichte und Kornzahl je Ähre waren zudem umweltvariabler und deutlich witterungsabhängiger als die Tausendkornmasse. Dies könnte auf eine unterschiedliche Heritabilität dieser Merkmale zurückzuführen sein. Die Bestandesdichte und Kornzahl je Ähre wiesen in den Landessortenversuchen hohe bis sehr hohe Ökovalenzwerte auf, was auf eine instabile Merkmalsausprägung hindeutet. Das genetisch stärker fixierte Merkmal Tausendkornmasse lag erwartungsgemäß auf einem niedrigen bis mittleren Ökovalenzniveau und zeigte damit eine hohe Merkmalsstabilität. Die höchsten und stabilsten Werte der drei Ertragsstrukturparameter wurden von den Hybridsorten erzielt, die durchschnittlich höhere Kornerträge erreichten als die anderen Sortentypen. Innerhalb eines Sortentyps fiel die Ökostabilität zwischen den Sorten sehr heterogen aus.

Für die Pflanzenzüchtung und für die Landwirtschaft insgesamt ist das genetische Phänomen „Heterosis" von wesentlicher Bedeutung und großem Nutzen. Sehr deutlich wird dies in der Züchtung von Hybridsorten beim Winterroggen. Die Hybridsorten erreichten im Ringversuch, in den Sortenversuchen am Standort Thyrow und in den Landessortenversuchen über den gesamten Prüfungszeitraum hinweg die durchschnittlich höchsten Ertragsleistungen. Der Mehrertrag von Hybrid- im Vergleich zu Populationssorten betrug in den Landessortenversuchen im Mittel 17 %. Eine mögliche Ursache könnte eine intensivere und tiefere Bodendurchwurzelung, welche die Saugspannung und damit auch die Wasserversorgung verbessern kann, könnte dazu beitragen (ZACHOW & MIEGEL, 2001; MÖLLER, 2002).

Der Heterosiszuwachs beruht darauf, dass in der Hybride Eltern aus zwei genetisch unterschiedlichen Formenkreisen bzw. Genpools kombiniert werden (MIEDANER & GEIGER, 1997). Zwar können auch bei synthetischen Sorten verschiedene Genpools verwendet werden und so heterotisch bedingte Mehrleistungen erzielen, allerdings bestehen diese Sorten nie ausschließlich aus Kreuzungen zwischen den Genpools, sondern enthalten stets auch Kreuzungen innerhalb der beteiligten Genpools. Synthetische Sorten liegen deshalb ertraglich meist zwischen Hybrid- und Populationssorten. Dies war auch in den hier ausgewerteten Landessortenversuchen der Fall. Der Ertrag der synthetischen Sorten lag im Durchschnitt um 10 bis 15 % unter denen der Hybridsorten und etwa 5 % über dem der Populationssorten (LELF, 2010 a).

Ein weiterer Vorteil der Hybridsorten ist ihre verbesserte Leistungsstabilität. Sie zeigen oft geringere Genotyp-Umwelt-Interaktionen als ihre homozygoten Eltern (SCHNELL & BECKER, 1985; BECKER & LEON, 1988), weil die Heterosis unter ungünstigen Umweltverhältnissen relativ gesehen größer ist als unter optimalen Wachstumsbedingungen. Dies wurde anhand experimenteller Untersuchungen bei Winterroggen von MIEDANER & GEIGER (1997) gezeigt. Die Ergebnisse aus den verschiedenen Sortenversuchen belegten teilweise ebenfalls die erhöhte Ökostabilität der Hybridsorten. Im Ringversuch hatten die Hybridsorten *Avanti* und *Ursus* höhere und stabilere Kornerträge als die Populationssorte *Hacada*. Die Mehrerträge waren vornehmlich auf eine höhere Kornzahl je Ähre zurückzuführen und wurden auch durch die höhere Tausendkornmasse von *Hacada* nicht ausgeglichen. Die Hybridsorten zeigten in den Sortenversuchen am Standort Thyrow und in den Landessortenversuchen zwar ebenfalls leicht geringere Ökovalenzwerte, dennoch gab es aufgrund der großen Streuung auch Hybridsorten mit einer deutlich instabilen Merkmalsausprägung. Auf Grundlage der untersuchten Sortenversuche kann daher eine große Heterogenität auf Sortenebene festgestellt werden, aus welcher sich nur tendenziell Unterschiede zwischen den Sortentypen ableiten lassen. Die beste Kombination aus hohen und stabilen Ertragsleistungen boten in den Landessortenversuchen die Hybridsorten *Brasetto*, *Minello* und in den Sortenversuchen am Standort Thyrow die Hybridsorte *Fernando*. In beiden Sortenversuchen hoben sich unter den Populationssorten *Matador* und bei den synthetischen Sorten *Caroass* positiv vom Restsortiment ab.

Die Auswertung hinsichtlich einer Differenzierung nach Ertragsstrukturtypen erbrachte keine klaren Ergebnisse. Vielmehr bestanden die Unterschiede auf Sortenebene. Die Korndichtetypen erreichten zwar im Vergleich ein leicht höheres Ertragsniveau in den Landessortenversuchen, dies konnte allerdings statistisch nicht belegt werden.

Die Bodenfruchtbarkeit ist die Fähigkeit des Bodens, Pflanzen als Standort zu dienen sowie ihnen Wasser und Nährstoffe bereitzustellen, so dass sie im Wirkungsdreieck der Ertragsbildung neben der Jahreswitterung und dem pflanzlichen Leistungspotenzial eine bedeutsame Grundlage der pflanzlichen Produktion darstellt. Wichtige Messgrößen der Bodenfruchtbarkeit sind u. a. die Ertragshöhe, Ertragsschwankungen und die Kornqualität (KUNTZE et al., 1994). Der Standortvergleich im Ringversuch bestätigte diesen Zusammenhang. Die Ertragsschwankungen über den betrachteten Zeitraum fielen am Standort Thyrow auf Sandboden mit ca. 70 dt ha^{-1} am größten aus. Der Boden am Standort Berge zeichnet sich dagegen durch eine im Vergleich höhere Bodenfruchtbarkeit aus und zeigte mit 16 dt ha^{-1} weitaus geringere Ertragsschwankungen in den Jahren 2000 bis 2004. Die Ergebnisse der Ökoregression ergaben weiterhin, dass die beiden Hybridsorten *Avanti* und *Ursus* günstigere Umwelt- bzw. Bodenbedingungen besser in Ertrag umsetzen konnten als die Populationssorte *Hacada*. Im Standortvergleich zeigte sich, dass auf dem schwach schluffigen Sandboden in Thyrow die Mehrerträge der beiden Hybridsorten 10 % betragen, am Standort Berlin-Dahlem hingegen mit etwas günstigeren Bodenverhältnissen bereits 18 %.

Neben dem Umweltfaktor Boden hat auch die Jahreswitterung einen großen Einfluss auf die Ertragsbildung von Winterroggen. Stark negative Einflüsse gehen von überdurchschnittlich hohen Temperaturen in den Monaten April bis Juni aus. Eine günstig verteilte und ausreichende Niederschlagsversorgung in den Monaten Mai und Juni hat demgegenüber einen positiven Einfluss auf die Ertragsleistung von Winterroggen (CHMIELEWSKI, 1992). Im Zeitraum April bis Juni werden die wichtigen Entwicklungsstadien Schossen, Ährenbildung und Blüte durchlaufen. Daher ist eine ausreichende Wasserversorgung in dieser Zeitspanne hinsichtlich der Ertragsbildung sehr wichtig (GUPTA et al., 2001). Die regional typische Vorsommertrockenheit in Verbindung mit erhöhten Temperaturen stellt somit eine der Hauptursachen für die Mindererträge auf den vorwiegend sandigen Böden in Brandenburg dar. Dieser Zusammenhang konnte in der vorliegenden Arbeit anhand der negativen Korrelationen zwischen der klimatischen Wasserbilanz und dem Kornertrag für die verschiedenen Standorte und untersuchten Sortimente belegt werden. Im Ergebnis der geprüften Umweltbedingungen bzw. Sortimente wurden ca. 20 dt ha^{-1} Mehrertrag bei 150 mm geringerem Defizit in der klimatischen Wasserbilanz für den Zeitraum April bis Juni erreicht. Im Hinblick auf eine effiziente Nutzung vor allem des auf grundwasserfernen Sandstandorten limitierten Wassers schienen ausgewählte Hybridsorten (z. B. *Fernando* und *Avanti*) auch in trockenen Jahren besser angepasst zu sein und waren zu überdurchschnittlichen Ertragsleistungen fähig. Die höhere Ertragssicherheit von Hybridsorten gegenüber Populationssorten, insbesondere unter ungünstigen Witterungsverhältnissen, kann durch eine erhöhte Wüchsigkeit bedingt sein, welche sich in einer höheren Wurzelleistung, verbessertem Wasseraneignungsvermögen und vermehrter Regenerationsfähigkeit zeigen können (MIEDANER & GEIGER, 1997).

6.2 Winterweizen

Der Winterweizen ist die wirtschaftlich bedeutendste Fruchtart, hat aber auch die höchsten Standortansprüche im Vergleich zu anderen Getreidearten. Mit zunehmender Bodengüte steigt der Weizenertrag in der Regel an, was die mehrortigen Ergebnisse aus dem Ringversuch bestätigen. Während im fünfjährigen Mittel am Standort Thyrow (mittlere Ackerzahl 25) 45 dt ha^{-1} geerntet wurden, waren es in Berlin-Dahlem und Blumberg (mittlere Ackerzahl 35) 20 dt ha^{-1} mehr. Auf dem besten Standort in Berge (mittlere Ackerzahl 40) erreichte der mittlere Ertrag demgegenüber knapp 80 dt ha^{-1}.

Auf den Prozess der Ertragsbildung wirken verschiedene Einflussfaktoren, die sich in der Ertragsvariabilität widerspiegeln. Der größte Anteil an der Ertragsvariabilität kann durch die Umweltfaktoren Boden und Jahreswitterung bzw. deren Wechselwirkung begründet werden. Am Standort Thyrow war die wichtigste Einflussgröße auf den Ertrag die Jahreswitterung mit 82 %. Der Faktor Sorte war deutlich nachgeordnet und erreichte 11 %. Die Wahl einer geeigneten Sorte ist demzufolge bedeutsam für die Ertragsvariabilität, so dass mit dem Faktor Sorte eine gute Möglichkeit zur positiven Ertragsbeeinflussung zur Verfügung steht. Der Einfluss der Qualitätsgruppe einzelner Sorten war demgegenüber vernachlässigbar.

Die Ertragsspannweite aller Sorten reichte in der Gesamtauswertung von 82 % bis 98 % Floating Checks. Die Ökovalenzwerte als Maß für Ökostabilität schwankten von 2 bis 10 %. Diese Heterogenität auf Sortenebene unterstreicht ebenfalls die Bedeutung der Sortenwahl. Am ungünstigen Standort Thyrow war dies deutlich zu erkennen. Hier bewährte sich vor allem die ertragssichere und qualitätsbetonte A-Sorte *Akratos*. Fiel die Wahl auf eine Sorte mit erhöhter Ertragsvariabilität und unterdurchschnittlicher Leistungsfähigkeit, wie z. B. die A-Sorte *Brilliant*, so erhöhte sich das Ertragsrisiko auf ein Vielfaches. In einigen Fällen hatten Sorten mit einem Reaktionsparameter, der nicht zwischen b = 0,8 und 1,2 lag (z. B. *Brilliant, Toras, Cubus*), auch erhöhte Ökovalenzwerte und somit eine instabilere Merkmalsausprägung. Offensichtlich sind Sorten mit einer ausgeglichenen Reaktionsweise besonders auch auf Sandböden von Vorteil für die Ökostabilität.

Die geprüften C-Sorten erreichten im Mittel aller Umwelten ein leicht höheres Ertragsniveau als die A- und B-Sorten. Signifikant waren die Ergebnisse allerdings nur im Ringversuch. Die durchschnittlichen Erträge der A- und B-Sorten waren untereinander ähnlich. Jedoch erbrachten die A-Sorte *Akratos* in den Sortenversuchen am Standort Thyrow und *JB Asano* in den Landessortenversuchen Brandenburgs eine überdurchschnittliche Ertragsleistung. Das heißt, dass sich der Zuchtfortschritt für einzelne A-Sorten hinsichtlich der quantitativen und sicheren Ertragsleistung unter den Brandenburger Standortbedingungen positiv auswirkte. Neben der guten Ertragsfähigkeit zeichneten sich einzelne A-Sorten auch durch eine überdurchschnittliche Merkmalsstabilität aus. In den Sortenversuchen hatten die A-Sorten oft die geringsten Ökovalenzwerte. Dies weist auf ihre im Vergleich zu den B- und C-Sorten höhere Ökostabilität hin. Folgerichtig werden in den letzten Jahren bundesweit vermehrt A-Sorten angebaut, die ein dem B-Weizen vergleichbares Ertragsniveau besitzen (KAZMAN & INNEMANN, 2009). Die verbesserte Sortenleistung von Winterweizen im Allgemeinen kann an der Zunahme der mittleren Kornerträge (Intensitätsstufe II) von 73 auf 98 dt ha^{-1} (1966 bis 2007) abgelesen werden, was einem bundesweiten Zuchtfortschritt von 19 % entspricht (AHLEMEYER, 2011).

Bei der Ertragsstruktur weist die Bestandesdichte die geringste und die Tausendkornmasse die höchste Heritabilität auf (MIEDANDER, 2009). Die Ergebnisse dieser Arbeit bestätigten diese Rangfolge der Ertragsstrukturparamter: Bestandesdichte > Kornzahl je Ähre > Tausendkornmasse. Die Betrachtung der Ökostabilität anhand der geprüften Sortimente in den verschiedenen Sortenversuchen zeigte, dass die Merkmale Bestandesdichte und Kornzahl je Ähre insgesamt auf einem hohen Ökovalenzniveau liegen. Die Merkmale Tausendkornmasse und Rohproteingehalt zeichneten sich dagegen durch ein geringes Ökovalenzniveau und somit durch eine gute Merkmalsstabilität aus. Der Einfluss der Sorte auf die Tausendkornmasse und Kornzahl je Ähre war ebenfalls deutlich höher als auf die Bestandesdichte. Eine Sortenwahl sollte sich demnach verstärkt an der Ökostabilität des Merkmals Kornzahl je Ähre ausrichten. Die Fähigkeit einer Sorte, dichte Bestände zu bilden, ist zur Realisierung hoher Kornerträge sehr wichtig (KÖLSCH et al., 1988), so dass als zweites Kriterium die Stabilität und Leistungsfähigkeit im Hinblick auf die Bestandesdichte herangezogen werden sollte. Die Bestandesführung und ackerbauliche Maßnahmen könnten zudem bei wachstums- und entwicklungsbeeinflussenden Prozessen der Ährenzahl pro m² unterstützend wirken, um so die hohe Variabilität der Bestandesdichte etwas auszugleichen. Das dritte Stabilitätskriterium für die Sortenwahl sollte die Tausendkornmasse sein. Aufgrund der hohen Heritabilität der Tausendkornmasse lag nur eine geringe bis mittlere Varianz vor. Folglich ist bei diesem Merkmal vornehmlich die Leistungsfähigkeit einer Sorte entscheidend.

Die negative Beziehung zwischen Kornertrag und Rohproteingehalt wird von verschiedenen Autoren mit der geringen Effizienz pflanzeninterner Umlagerung, der Konkurrenz von Kohlenhydratsynthese und Stickstoffmetabolismus (Nitratreduktion) um Energie, sowie mit Problemen von Wurzelwachstum und N-Aufnahmeleistung bzw. durch Stickstoffverluste der Pflanze während der Kornfüllungsphase erklärt (FEIL, 1998; TRIBOI, 2001). Diese Mechanismen können in ertragsstärkeren Jahren insbesondere auf Sandböden zu erheblichen Reduktionen im Rohproteingehalt (Verdünnungseffekt) mit einem begrenzten Stickstoffnachlieferungsvermögen führen (ACUNA et al., 2005; EREKUL & KÖHN, 2006). Die Ergebnisse aus dem Ringversuch bestätigten diese negative Korrelation zwischen Kornertrag und Rohproteingehalt. Im Trockenjahr 2003 lag das Ertragsniveau in Thyrow bei 13 dt ha^{-1}, wobei der Rohproteingehalt Spitzenwerte von

19,8 % bei der E-Sorte *Bussard* erreichte. Ein ähnlicher Zusammenhang fand sich auch beim kombinierten Merkmal Rohproteinertrag in den Landessortenversuchen. Der Rohproteinertrag kann demnach die Bewertung von Sorten weiter differenzieren und scheint zum Teil aussagekräftiger zu sein als die Bewertung der beiden Einzelmerkmale.

Am günstigen Standort Berge (mittlere Ackerzahl 40) lag das Ertragsniveau im Jahr 2003 bei 58 dt ha^{-1} und die Rohproteingehalte zwischen 14,4 und 16,4 %. Der Konzentrationseffekt zeigte sich deutlich im Vergleich der Jahre 2003 und 2004. Im trockenen Jahr 2003 betrug der Rohproteingehalt im Mittel der vier geprüften Sorten 18,1 % am Standort Thyrow. Im witterungsmäßig günstigeren Jahr 2004 fiel er auf 11,0 % bei gleichzeitigem Anstiegs des Ertrags um 20 dt ha^{-1}. Auf dem lehmigen Sand in Berge fielen die Unterschiede im Rohproteingehalt demgegenüber geringer aus. Die mittleren Rohproteingehalte lagen 2003 bei 15,4 % und in 2004 bei 11,6 %, der Kornertrag stieg um ca. 40 %. Im Sinne der Qualitätsproduktion von Winterweizen weisen E- und A-Sorten günstigere genetische Anlagen auf, bei hinreichender Stickstoffversorgung hohe Rohproteingehalte zu realisieren (REINER *et al.*, 1992). Die überlegenen Rohproteingehalte der Eliteweizensorte *Bussard* im Ringversuch oder auch die der geprüften A-Sorten in den Landessortenversuchen bestätigten diesen Zusammenhang. Unter ungünstigeren Umweltbedingungen hatte auch die Sorte *Bussard* ein unterdurchschnittliches Ertragsniveau (Reaktionsparameter b = 0,8), welches mit den anderen drei Sorten *Pegassos*, *Flair* und speziell *Contra* vergleichbar war. Für die Sortenwahl ist letztlich entscheidend, welche betriebliche Nutzungsrichtung verfolgt wird und welche Sorte diesbezüglich die höchste Ökostabilität und Leistungsfähigkeit aufweist.

Je nach Ertragsstruktur lassen sich Sorten in unterschiedliche Ertragsstrukturtypen einteilen. Bestandesdichtetypen (z. B. *Potenzial, Chevalier*) bauen ihren Ertrag vornehmlich über die Bestandesdichte auf und erreichen nur maximal mittlere Kornzahlen je Ähre und Tausendkorngewichte. Korndichtetypen bilden eine hohe Anzahl Körner pro m² aus (z. B. *Dekan, Ellvis*). Das Tausendkorngewicht ist bei diesen Sorten meist gering bis mittel. Einzelährentypen erzielen ihren Ertrag über hohe Kornzahlen je Ähre und ein hohes Tausendkorngewicht bei geringer Ährendichte. Die Sorten *Ludwig* und *Tommi* sind Vertreter dieser Gruppe. Kompensationstypen sind die „Allrounder" unter den Weizensorten (z. B. *Discus*). Sie können auch niedrige Bestandesdichten, z. B. aufgrund von Frühjahrstrockenheit durch höhere Kornzahlen je Ähre oder ein hohes Tausendkorngewicht ausgleichen. Das höhere Kompensationsvermögen ist auch Grund für die große ökologische Streubreite und die Eignung für unterschiedliche Anbausysteme. Die Ergebnisse aus den verschiedenen Sortenversuchen zeigten allerdings keine eindeutigen Unterschiede zwischen den Ertragsstrukturtypen hinsichtlich ihrer Leistung und Ökostabilität.

Die Sortenreaktionen waren in den verschiedenen Umwelten teilweise uneinheitlich. Die A-Sorte *Brilliant* erreichte in den Landessortenversuchen durchschnittliche Ergebnisse hinsichtlich Leistung und Stabilität im Kornertrag. Die Ergebnisse aus den Sortenversuchen am Standort Thyrow stuften jedoch die Sorte *Brilliant* mit einem Ökovalenzwert von 9,6 % als unsicher und mit durchschnittlichem Kornertrag ein. Die A-Sorte *Akratos* zeigte in den Landessortenversuchen ebenfalls durchschnittliche Ergebnisse im Kornertrag (Ökovalenz und Floating Checks), hob sich jedoch in den Sortenversuchen am Standort Thyrow positiv in ihrer Ertragsleistung und Ökostabilität vom restlichen Sortiment ab. Die höheren Kornerträge der Weizensorte *Akratos* resultierten demnach aus den im Vergleich zum Sortiment vergleichsweise geringeren Standortansprüchen. Die verschiedenen Reaktionsrichtungen dieser beiden Sorten können allein anhand der Reaktionsparameter (Ökoregression) nicht abgeleitet werden (*Akratos* b = 1,0 und *Brilliant* b = 0,9). Die Aussage zur Ertragsleistung und Ökostabilität einer Sorte bedarf demnach einer umfassenden Prüfung. Besondere Standortbedingungen sollten daher separat untersucht und die Sorte mit entsprechend differenzierter Bewertung ausgewiesen werden.

Bei Weizen als Selbstbefruchter überwiegen in Deutschland bisher Liniensorten, obwohl auch einige Hybridsorten zugelassen sind. Dies ist wahrscheinlich auf den geringen Heterosiseffekt und daher nur relativ geringe Mehrleistung zurückzuführen (GEIGER & MIEDANER, 2009). In der vorliegenden Arbeit konnte aufgrund des geringen Prüfumfangs von Hybridsorten nur für die Sorte *Hybred* eine Aussage getroffen werden. *Hybred* zählt zu den Kompensationstypen und erreichte in den Sortenversuchen am Standort Thyrow mit 97 % Floatings Checks die höchste Ertragsfähigkeit. In den Landessortenversuchen zeigte sie ebenfalls eine überdurchschnittliche Ertragsleistung. Die Ertragsstabilität wurde in beiden Sortenversuchen als mittel eingestuft (Ökovalenz: 6 %), d. h. die Ertragssicherheit war vergleichbar mit denen der Liniensorten.

Tendenziell sind die Sorten der Qualitätsgruppe A unter trockneren Witterungsbedingungen ertraglich günstiger, als die ertragsbetonteren B- und C-Sorten (MICHEL & ZENK, 2010). Die B- und C-Sorten können ihr höheres Ertragspotenzial erst unter zunehmend günstigen Bedingungen entfalten, lassen aber unter trockneren Bedingungen deutlichere Ertragsreduktionen erwarten. In den offiziellen Sortenempfehlungen wird in diesem Zusammenhang z. B. die A-Sorte *Pegassos* als besonders ertragsstabil für D-Süd-Standorte empfohlen (HARTMANN, 2011). Die Ergebnisse aus den ausgewerteten Landessortenversuchen bestätigen diesen Zusammenhang insofern, als z. B. die A-Sorten *Ludwig, Pegassos* und *Ellvis* unter trockeneren Witterungsbedingungen im Zeitraum April bis Juni überdurchschnittliche Ertragsleistungen erreichten. Am Standort Thyrow erwiesen sich die A-Sorte *Akratos* und die Hybridsorte *Hybred* als besonders leistungsfähig unter trockeneren Witterungsbedingungen. Insgesamt waren beide Sorten hinsichtlich ihrer Ökovalenzwerte als relativ ertragssicher einzustufen. Der Kornertrag in Abhängigkeit von der klimatischen Wasserbilanz (Zeitraum: April bis Juni) konnte mit signifikanten Korrelationen für die verschiedenen Sortenversuche bestätigt werden. Bei einem abnehmenden Defizit der klimatischen Wasserbilanz um 150 mm stieg das Ertragsniveau am Beispiel des geprüften Sortiments am Standort Thyrow (2003 bis 2011) von 30 dt ha^{-1} auf 60 dt ha^{-1} an. In den Landessortenversuchen spiegelte sich ein ähnliches Reaktionsmuster wider, so dass die Weizenerträge des Sortiments unter den geprüften Umweltbedingungen mit zunehmend günstigeren Witterungsbedingungen entsprechend zunahmen. Im Mittel der geprüften Sorten konnte ein Mehrertrag von 30 dt ha^{-1} verzeichnet werden, wenn das Defizit der klimatischen Wasserbilanz im Zeitraum April bis Juni um ca. 130 mm geringer ausfiel.

Die Ergebnisse der hier ausgewerteten Versuche bestätigten erwartungsgemäß, dass qualitätsbetonte A-Sorten vor allem unter ungünstigen Boden- und Witterungsverhältnissen gute Erträge bringen, während die massebetonten B- und C-Sorten ihre hohe Leistung vor allem unter günstigen Bedingungen realisieren können. Inwieweit sich der Anbau von Hybridsorten unter trockeneren Witterungsbedingungen und auf sandigen Böden durchsetzen wird, lässt sich schwer einschätzen. Die Ergebnisse aus den Sortenversuchen am Standort Thyrow zeigten zwar für die Hybridsorte *Hybred* gute und sichere Ertragsleistungen, jedoch handelte es sich nur um eine Sorte, so dass daraus keine gesicherten allgemein gültigen Schlüsse gezogen werden können. Es bedürfte weiterer Versuche zum Vergleich von Hybrid- und Liniensorten unter diesen speziellen Umweltbedingungen.

6.3 Vergleich der Fruchtarten

Die Jahresschwankungen im Kornertrag von Winterroggen und Winterweizen sind hauptsächlich durch Umweltfaktoren bedingt (SMITH & GROSS, 2006). Erwartungsgemäß hatten Boden und Jahreswitterung den größten Anteil an der Variabilität der meisten

Prüfmerkmale, insbesondere des Kornertrags. GODDING & DAVIES (1997) betonen in diesem Zusammenhang, dass die Wirkung des Bodens immer eng mit der Witterung verbunden ist. Im Ergebnis der in dieser Arbeit ausgewerteten Sortenversuche bestätigen die relativ hohen Anteile von Wechselwirkungen zwischen Boden und Jahreswitterung diesen Zusammenhang. Für Winterroggen betrugen die Wechselwirkungen zwischen Boden und Witterung je nach Sorte 34 bis 39 %, beim Winterweizen fielen sie mit 17 bis 22 % etwas geringer aus. Beim Winterroggen war der Einfluss der Sorte größer als beim Winterweizen. Dies ist u. a. auf die züchterisch bedingten Unterschiede zwischen den Sortentypen zurückzuführen, welche in den mehrjährigen und mehrortigen Sortenversuchen zwischen 3 und 7 % und am Standort Thyrow bei 18 % lagen. Beim Winterweizen fällt der Sorteneinfluss geringer aus. Im Ringversuch und in den Landessortenversuchen wurden 1 bis 2 % und am Standort Thyrow 11 % erreicht. Innerhalb der Roggensortimente streuen die Ökovalenzwerte breiter als in den Weizensortimenten. Dies ist insbesondere auf die sehr heterogene Ökostabilität (2 % bis 11 %) der Roggenhybridsorten zurückzuführen.

Der Roggen gilt als die Getreideart mit den geringsten Anforderungen an den Standort (vgl. Abbildung A 9) und besitzt eine hohe ökologische Anpassungsfähigkeit. Im Ringversuch, in den Sortenversuchen am Standort Thyrow und in den Landessortenversuchen Brandenburg wies der Winterweizen für den Kornertrag immer höhere Öko-valenzwerte und somit instabilere Ertragsleistungen auf als der Roggen. Für Thyrow lagen die Ökovalenzwerte für den Kornertrag des Winterweizens mit 8,9 % auf einem hohen Niveau. Demgegenüber erwies sich der Winterroggen auf Sandboden mit 6,5 % als ertragsstabiler. Im Ringversuch wurde daher im Mittel der vier geprüften Weizensorten das höchste Ertragsniveau am Standort Berge auf dem lehmigen Sandboden erreicht (80 dt ha^{-1}), am Standort Thyrow hingegen auf dem schwach schluffigen Sand das geringste Ertragsniveau (45 dt ha^{-1}). Die Ökoregression (vgl. im Abbildung A 10 bis 46) zeigte, dass Winterweizen mit Reaktionsparametern von b > 1 günstige Umweltbedingungen besser in Ertrag umsetzen kann als Winterroggen (b < 1). Das geringe Umweltmittel der Roggenerträge im Ringversuch und in den Landessortenversuchen (40 dt ha^{-1}) lag um 10 dt ha^{-1} höher als beim Winterweizen. In den Sortenversuchen am Standort Thyrow betrug der Mehrertrag auf Sandboden sogar rund 20 dt ha^{-1}. Die Wettbewerbsfähigkeit des Roggens ist erwartungsgemäß umso größer, je sandiger der Boden ist.

Der Winterweizen kann Winterniederschläge weniger gut ausnutzen und reagiert empfindlicher als Winterroggen auf Trockenstress im Zeitraum April bis Juni

(HLAVINKA et al., 2009). Der Mindestwasserbedarf von Winterroggen liegt mit 250 bis 300 l kg^{-1} TM unter dem Bedarf von Winterweizen, der mit 300 bis 400 l kg^{-1} TM angegeben wird (GEISLER, 1980). Am Standort Thyrow zeigte das Weizensortiment unter sehr trockenen Witterungsbedingungen bei einer KWB von -230 mm (Zeitraum April bis Juni) ein Ertragsniveau von 25 dt ha^{-1}. Die mittleren Kornerträge des Roggensortiments lagen unter den gleichen Umweltbedingungen 20 dt ha^{-1} darüber. Die Anstiege der Regressionsgeraden fielen bei Winterroggen insgesamt geringer aus als beim Winterweizen, besonders deutlich zeigte sich das auf den Sandböden in Thyrow. Für Winterweizen lässt sich daraus eine stärkere Ertragsreduktion unter zunehmend trockneren Witterungsbedingungen ableiten. Die Züchtung auf Trockentoleranz für Weizen, z. B. über eine Verbesserung der Wassernutzungseffizienz, ist daher ein wichtiges Zuchtziel (PAUK et al., 2009).

Für den Anbau von Weizen auf leichten Böden sollte daher bei der Sortenwahl vor allem auf die Ökostabilität geachtet werden. Sorten für Trockenstandorte sollten eine gute Einstufung im Tausendkorngewicht aufweisen, so dass sie in Trockenphasen während der Kornfüllung noch Kornqualitäten erreichen, die ohne Qualitätsabstufung vermarktet werden können (MICHEL & ZENK, 2010). Auch im Rohproteingehalt sollten Weizensorten im oberen Segment der Qualitätsgruppe liegen, da die Stickstoffmobilisierung bzw. auch die Düngewirkung auf Trockenstandorten kritisch sein kann. In Jahren mit günstigeren Witterungsbedingungen sind auch auf leichten Böden höhere Weizenerträge zu erwarten. Das ist besonders für die Stickstoffspätgabe wichtig, um entsprechende Rohproteingehalte zu sichern.

Die Versuchsergebnisse ergaben für beide Fruchtarten die gleiche Rangordnung der Variationsanteile von Ertragskomponenten an der Ertragsvariabilität: Bestandesdichte > Kornzahl je Ähre > Tausendkornmasse. Die Merkmale Bestandesdichte und Kornzahl je Ähre sind im Vergleich zur Tausendkornmasse zum einen wichtiger für den Kornertrag, zum anderen sind sie stärker umweltvariabel. Geringere Bestandesdichten und Kornzahlen je Ähre können dabei als wesentliche Ursachen für verminderte Kornerträge auf Sandböden angesehen werden. Zudem war die Merkmalsstabilität dieser Ertragskomponenten in den geprüften Umwelten bei beiden Fruchtarten geringer. Die Tausendkornmasse als Ertragsstrukturmerkmal ist demgegenüber stärker genetisch determiniert und daher weniger umweltabhängig als die Bestandesdichte und Kornzahl je Ähre (EREKUL & KÖHN, 2006). Im Ertragsaufbau könnten daher Einzelährentypen Vorteile gegenüber Bestandesdichtetypen bieten, weil sehr dichte Bestände bei Trockenheit oft mit großen Ertrags- und Qualitätsverlusten reagieren (MICHEL & ZENK, 2010). Diese Annahme über das Verhalten der verschiedenen Ertragsstrukturtypen konnte auf Grundlage der Daten in dieser Arbeit allerdings statistisch nicht bestätigt werden.

Das Tausendkorngewicht reagiert auf eine begünstigte Niederschlagsversorgung mit erhöhter Merkmalsausprägung und hoher Merkmalsstabilität, insbesondere bei Winterroggen (OEHMICHEN, 1986). Generell kann aber eine hohe Tausendkornmasse das Defizit in Bestandesdichte und Kornzahl je Ähre ertraglich nicht mehr kompensieren. Daher resultieren hohe Kornerträge maßgeblich aus einer hohen Bestandesdichte und Kornzahl je Ähre (CHMIELEWSKI & KÖHN, 2000). Auf typischen Weizenstandorten besteht eine negative Korrelation zwischen den Ertragskomponenten Bestandesdichte und Kornzahl je Ähre sowie Bestandesdichte und Tausendkornmasse, während die Beziehung Kornzahl je Ähre und Tausendkornmasse nur schwach ausgeprägt ist (WEBER, 1988).

Insgesamt erwies sich unter den in die Auswertung einbezogenen Umweltbedingungen die Getreideart Winterroggen als ökostabiler im Vergleich zum Winterweizen. Insbesondere unter klimatisch ungünstigeren Witterungsbedingungen zeigte der Winterroggen ertragliche Leistungs- und Stabilitätsvorteile. Demgegenüber zeigte die Ökoregression, dass Winterweizen günstige Umweltbedingungen besser in Ertrag umsetzen kann als Winterroggen. Bei beiden Getreidearten konnten zum Teil erhebliche Sortenunterschiede hinsichtlich der Kriterien Ökostabilität und Ertragsleistung festgestellt werden. Weiterhin ergaben die Versuchsergebnisse für beide Fruchtarten die gleiche Rangordnung der Variationsanteile von Ertragskomponenten an der Ertragsvariabilität.

6.4 Bewertung der Methodik

Nach TRUBERG & HÜHN (2000) setzt sich der phänotypische Wert einer Sorte aus einer genotypischen und einer umweltbedingten Komponente sowie aus deren Wechselwirkung, der Genotyp-Umwelt-Interaktion, zusammen. Sie ergeben gemeinsam 100 % der Merkmalsausprägung. Je größer die Umwelteinflüsse sind, desto geringer sind die genotypischen Effekte.

Das Verhältnis von Genotyp und Umwelt kann nur durch umfangreiche Versuche von verschiedenen Sorten in mehreren Umwelten herausgefunden werden. Da jede Umwelt einen anderen Einfluss auf den Genotyp ausübt, würden die Mittelwerte über eine Vielzahl von Umwelten immer stärker die wahren genetischen Differenzen zwischen den Sorten wiedergeben (MIEDANER, 2010). Je mehr Umwelten geprüft werden, desto aussagekräftiger wird der Mittelwert und nähert sich dem wahren genotypischen Wert an. Es interessiert dann nicht mehr die Reaktion an den einzelnen Standorten, sondern die Reaktion der Sorte auf die durch die Umwelten verursachte Variabilität (RICHTER et al., 1999). Aus diesem Grund ist es notwendig, Sorten auch hinsichtlich ihrer Ökostabilität zu bewerten, wobei die dafür zugrunde liegenden Sortenversuche mit steigender Anzahl Umwelten an Aussagekraft gewinnen (PIEPHO, 1998). Mehrjährige und mehrortige Sortenversuche liefern die solide Basis für eine gezielte Sortenwahl. Zudem sichert auch der gleichzeitige Anbau verschiedener Sorten im Betrieb den Ertrag und die Ertragsstabilität (HARTMANN, 2011).

In der Regel gibt es aber kaum eine Sorte, die durchweg optimale Eigenschaften und Ergebnisse in verschiedenen Umwelten zeigt. Grundsatz für die Sortenentscheidung sollte es sein, vor allem die hohen Risiken auszuschließen oder so weit wie möglich zu mindern. Die in der vorliegenden Arbeit ausgewerteten Sortenversuche zeigten, dass keine Sorte in allen Umwelten gleich gut wuchs. Die Sorten mit den höchsten Erträgen sind keineswegs immer diejenigen mit der geringsten Genotyp-Umwelt-Wechselwirkung (LIN et al., 1986). Werden die Genotyp-Umwelt-Wechselwirkungen zu groß, sind getrennte Zuchtprogramme erforderlich. So lassen sich Sorten finden, die für spezielle Regionen bzw. Standortbedingungen geeignet sind. Dabei wird versucht, die Diversität des fortgeschrittenen Zuchtmaterials zur Adaption und Regionalisierung von Sorten zu nutzen, die den jeweiligen Anbausituationen gerecht werden (SPANAKAKIS, 2005).

Eine Sorte nur aufgrund des Sortenmittelwertes über alle Orte hinweg auszuwählen, kann sich ökonomisch negativ auswirken, weil die Ertragsdifferenzen zwischen den Sorten beträchtlich sein können. Sortenversuche sind daher mit den ausgewählten Sortimenten orthogonal in mehreren Umwelten (mind. fünf) zu prüfen. Orthogonale Kernstrukturen sind wichtig für die Schätzgüte und erleichtern die statistische Auswertung und Interpretation der Versuchsergebnisse.

Die Sortenversuche am Standort Thyrow und die Landessortenversuche Brandenburgs beinhalteten allerdings keinen orthogonalen Sortenkern über den untersuchten Prüfzeitraum und waren somit unbalanciert. Nur absolut orthogonale Auswertungen als exakt anzusehen, wäre aber ebenfalls irreführend. Wenn die Stichproben-Daten orthogonal sind, wird bestenfalls die Stichprobe exakt gemittelt, die Grundgesamtheit wird trotzdem nur mehr oder weniger gut geschätzt (PIEPHO & MÖHRING, 2005).

Bei unbalancierten Daten müssen paarweise Sortenvergleiche nicht immer ausschließlich auf direkten Vergleichen basieren. Es können stattdessen auch Umwelten einfließen, in denen nur eine von beiden Sorten geprüft wurde. Voraussetzung dafür sind Brücken, z. B. Verrechnungsblöcke, die den indirekten Vergleich über andere Sorten gestatten (PIEPHO et al., 2011). Je größer und stabiler diese Brücken sind, desto mehr gewinnen auch indirekte Vergleiche an Aussagekraft. Nach diesem Prinzip war auch die Auswertung der Sortenversuche am Standort Thyrow und der Landessortenversuche Brandenburgs aufgebaut. Der Adjustierungsprozess basierte vorrangig auf direkten Vergleichen und falls notwendig zusätzlich auf indirekten Vergleichen über Brücken. Für alle drei hier verwendeten Datengrundlagen gilt, dass die Schätzwerte für die Sorten auf Grund der hohen Genotyp-Umwelt-Interaktion einen relativ großen Fehler besitzen, da die Schätzung auf nur wenigen Versuchsstandorten einer Anbauregion bzw. nur auf Versuchsergebnissen aus zwei oder drei Jahren beruhten (PIEPHO & MICHEL, 2001). Diesbezüglich lässt sich bei einem Sortenversuch durch Prüfung an einem einzigen Standort keine allgemein gültige Aussage ableiten. Diese Ergebnisse gelten nur für diesen einen Ort, wie z. B. die Ergebnisse aus den Sortenversuchen am Standort Thyrow. Weiterhin spiegeln die vier Weizen- und drei Roggensorten im Ringversuch nur einen kleinen Teil der insgesamt zugelassenen Sorten wider und einige davon sind nicht mehr am Markt vertreten. Des Weiteren sind die Ergebnisse dieser Sorten nur im Verhältnis zueinander gültig. Ein Vergleich mit anderen Sorten kann zu einer abweichenden Bewertung führen.

Die Auswahl der Sorten für die in der vorliegenden Arbeit ausgewerteten Versuche unterlag darüber hinaus einer gewissen Vorselektion. Bei den Landessortenversuchen wird von der Anmeldung über die Wertprüfung bis hin zur regionalen Sortenempfehlung kontinuierlich selektiert. Die erste Selektion ist der Übergang von Bundes- auf Landesebene. Nur Sorten mit einer entsprechend positiven Voreinschätzung für die Brandenburger Standortbedingungen werden in die Landessortenversuche aufgenommen. Im zweiten Selektionsschritt werden nur Sorten mit guten Leistungen mehrjährig in den Landessortenversuchen mitgeführt, schlechtere Sorten können bereits nach nur einem Prüfjahr wieder ausgeschlossen werden. Sind beispielsweise im ersten Wertprüfungsjahr 100 Sorten vertreten, bleiben davon im ersten Jahr der Landessortenprüfung nur 12 Sorten und im zweiten Prüfjahr noch 8 Sorten übrig, von denen dann vielleicht nur vier in die regionale Neuempfehlung aufgenommen werden (MICHEL & PIENZ, 2007 a).

Die Ökovalenz stellt einen objektiven und validen Parameter zur Bewertung der Ökostabilität einer Sorte dar. Sorten mit kleinen Ökovalenzwerten sind als ökostabil einzustufen. Je höher der Schätzwert für eine Sorte ausfällt, desto instabiler ist sie in ihrer

Merkmalsausprägung. Die Ökovalenzwerte sollten in die Sortenempfehlung einfließen und können Anlass sein, die Anbautechnik und Bestandesführung entsprechend anzupassen (MICHEL & ZENK, 2010). Es bleibt aber zu bemerken, dass die geprüften Sorten mit erhöhten Schwankungen nicht schlechthin eine größere Varianz zeigen, sondern dass sie gehäuft Ausreißer (z. B. Auswinterungsprobleme) aufweisen.

Der Parameter Ökovalenz hat gewisse Vorteile gegenüber dem Stabilitätsparameter s aus der Ökoregressionsrechnung. Der Ökovalenzwert wird in Prozent angegeben und nach BÄTZ (1984) einfach bewertet, während die Werte des Stabilitätsparameters s in Abhängigkeit von der Zahlengröße des zu bewertenden Merkmals erheblich schwanken können, so dass der Vergleich verschiedener Merkmale (z. B. Bestandesdichte vs. Rohproteingehalt) schwierig ist. Die Ökovalenz und der Stabilitätsparameter s führen in den meisten Fällen zu ähnlichen Sorteneinschätzungen. Unterschiede in der Sortenreihung innerhalb eines Sortimentes sind meist nur graduell. Ein Beispiel dafür ist die unterschiedliche Bewertung der Weizensorten *Pegassos* und *Contra* (Ringversuch) im Merkmal Kornzahl je Ähre. Die Parameter Ökovalenz und der Stabilitätsparameter s zeigten hierbei eine leicht versetzte Einschätzung zur Ökostabilität (vgl. Tabelle 24).

Die Verknüpfung von Ökovalenz und dem Reaktionsparameter b aus der Ökoregression ist eine sinnvolle Ergänzung der Sortenbewertung. Neben der eigentlichen Stabilität wird auch die Reaktionsrichtung auf sich verändernde Umweltbedingungen berücksichtigt. Dies kann für den praktischen Anbau und die Bestandesführung wichtig sein. Der Reaktionsparameter gibt Hinweise darauf, ob Sorten dem Extensivtyp ($b < 1$) oder dem Intensivtyp ($b > 1$) zuzuordnen sind. Extensivsorten haben tendenziell höhere Relativerträge bei ungünstigen Bedingungen. Intensivsorten bringen demgegenüber höchste Relativerträge nur unter Optimalbedingungen. In den ausgewerteten Sortenversuchen zeigten nur eine geringe Anzahl von Sorten markante Abweichungen ($b \leq 0{,}8$ bzw. $b \geq 1{,}2$) vom mittleren Verhalten. Diese Sorten hatten oft auch erhöhte Ökovalenzwerte, wie beispielsweise die Roggensorten *Bellami, Amilo, Conduct* und *Amato*.

Die Sortenbewertung kann nicht ausschließlich anhand der Ökostabilität, der Einteilung nach Intensiv- oder Extensivtyp erfolgen, sondern vornehmlich auch nach ihrer absoluten Leistungsfähigkeit in bestimmten Merkmalen. Der einfache Mittelwert ist aufgrund einer mangelnden orthogonalen Kernstruktur der in dieser Arbeit ausgewerteten Sortenversuche (Thyrow und LSV) nicht zielführend. Die Sortenleistung sollte daher immer im Vergleich zum jeweiligen Umweltmittel gesehen werden, was anhand von Relativwerten gut ausgedrückt werden kann. Die Floating-Checks-Methode bietet darüber hinaus die Möglichkeit, das Leistungspotential einer Sorte im Vergleich zum Maximalwert über die geprüften Umwelten vermehrt zu berücksichtigen. Auch die Lage und der Anstieg der Regressionsgeraden im Vergleich zum Umweltmittel kann die Sortenbewertung dahingehend ergänzen. In dieser Arbeit hat sich die Kombination der folgenden drei Parameter zur Sortenbewertung als vorteilhaft erwiesen: Ökovalenz, Floating Checks und Reaktionsparameter.

Neben der normalen Leistungs- und Stabilitätsbewertung stellt auch das Ertragsverhalten unter Hitze- und Trockenbedingungen ein wichtiges Kriterium für die Sortenwahl dar. Im Anbau sind besonders Sorten gefragt, die sich durch eine gute Ertragsbildung auch unter diesen speziellen Witterungsbedingungen auszeichnen. Den Kornertrag einer Sorte in Abhängigkeit von der klimatischen Wasserbilanz (Zeitraum April bis Juni) zu setzen, ermöglicht die Ertragsrelationen innerhalb des geprüften Sortiments unter verschiedenen Witterungsbedingungen zu bewerten. Die Ergebnisse sind reproduzierbar und statistisch abgesichert, so dass die Gesamtbewertung einer Sorte damit erweitert und verbessert wird. Die einzelnen Versuchsjahre zeichnen sich allerdings durch erhebliche Schwankungen und sehr unterschiedliche Witterungsbedingungen aus, die sich oft nicht ausreichend in der klimatischen Wasserbilanz wiederfinden. Am Standort Blumberg ereignete sich beispielsweise im Sommer des Prüfjahres 2002 ein Hagelschlag, der zu einer drastischen Ertragsreduktion geführt hat, so dass dieses Versuchsergebnis nicht in die Auswertung des Ringversuchs einbezogen werden konnte.

Jedes Jahr bietet demnach einen spezifischen Witterungsverlauf, welcher in seiner Kombination einzigartig auftritt. Daher sind die Ursachen für witterungsbedingte Schwankungen einer Sortenleistung nicht ohne weiteres ableitbar. Grund hierfür ist die große Differenziertheit, in welcher Weise, in welchem Entwicklungsstadium des Versuchs oder der einzelnen Sorte und in welcher Wechselbeziehung mit den Bodenbedingungen Trockenheit und hohe Temperaturen wirksam werden (MICHEL & ZENK, 2010). Dieser Umstand macht deutlich, dass die Bewertung der Trocken- und Hitzetoleranz aus Versuchsergebnissen eine methodisch detaillierte Analyse der Ursache-Wirkungs-Beziehung erfordert. Die Sortenbewertung ist demnach in kurzen Versuchsserien oft sehr vage. Aus diesem Grund ist eine mehrjährige Sortenprüfung hinsichtlich der Reaktion auf spezielle Witterungsbedingungen essentiell und erfordert vor allem detaillierte Witterungsdaten von jedem Prüfstandort. Die klimatische Wasserbilanz ist für jeden Versuchsstandort separat zu berechnen, da eine allgemeine

Beschreibung im Mittel die Standortunterschiede nicht berücksichtigen kann. In die Berechnung der klimatischen Wasserbilanz gehen verschiedene Witterungsfaktoren ein, die durch entsprechende Koeffizienten in Abhängigkeit der untersuchten Fruchtart und deren spezifischen Entwicklungsverlauf angepasst werden können. Ein weiterer Vorteil der klimatischen Wasserbilanz ist die Zusammenfassung von Witterungsbedingungen einer Vegetationsperiode in einem einzigen Wert, welcher dann in Beziehung zur Ertragsleistung gesetzt werden kann. Die klimatische Wasserbilanz stellt zwar nur eine grobe Annäherung dar, ermöglicht aber auf der anderen Seite eine einfache und weitergehende Einschätzung der Sortenleistungen unter wasserlimitierten Standortbedingungen.

Mit dieser Zusatzbewertung könnten vor allem die Anbaurisiken von Winterweizen in Brandenburg weiter reduziert werden. Die Sortenunterschiede sind allerdings gradueller und nicht prinzipieller Natur. Die Auswertung der Ertragsleistung in Abhängigkeit von der klimatischen Wasserbilanz ist als Ergänzung zur normalen Sortenbewertung zu sehen. Eine Überinterpretation der einzelnen Sortenergebnisse unter den geprüften Witterungsbedingungen sollte daher unbedingt vermieden werden. Sorten, welche sich in der Versuchsauswertung durch einen geringen Ökovalenzwert auszeichnen, erbringen allerdings nicht zwangsläufig auch überdurchschnittliche Ertragsleistungen unter trockeneren Bedingungen. Ein solcher Zusammenhang kann anhand der vorliegenden Ergebnisse nicht festgestellt, aber auch aufgrund des zu geringen Prüfumfangs nicht ausgeschlossen werden. Beispielhaft dafür sind die Hybridroggensorten *Avanti* und *Fernando*. In der Gesamtauswertung der Landessortenversuche Brandenburg wiesen sie mittlere Ökovalenzwerte und durchschnittliche Ertragsleistungen im Vergleich zum Sortiment auf. Setzt man deren Kornertrag in Beziehung zur klimatischen Wasserbilanz am Standort Nuhnen, so erreichen beide Hybridsorten in Prüfjahren mit trockenen Witterungsbedingungen deutlich überdurchschnittliche Ertragsleistungen.

Künftig werden vermehrt Sorten gefordert, die auch unter verschiedenen Stressbedingungen hohe und stabile Erträge realisieren können. Zur Selektion der gewünschten unterschiedlichen Sortentypen wird das Zuchtmaterial der Züchtungsunternehmen europaweit unter entsprechenden Stresssituationen selektiert und geprüft. Solche Auswertungsergebnisse sind für die Züchtungsforschung und die Pflanzenzüchtung bedeutsam, weil sie Informationen zu den umweltabhängig variierenden Eigenschaften der als Zuchtmaterial verwendeten Genotypen und der daraus entstehenden Neuzüchtungen liefern können (KAZMAN & INNEMANN, 2009). Derartige Sekundärauswertungen erfordern allerdings hohe Aufwendungen für die Datenbeschaffung und -verarbeitung.

Deshalb wäre es erforderlich, die in Landessortenversuchen ohnehin ermittelten Daten hierfür zu nutzen, sie entsprechend sekundär auszuwerten und die ermittelten Kennziffern bzw. Parameter in ein entsprechendes Informationssystem einzuspeisen. Der Züchtungsforschung, den privaten Pflanzenzüchtern und pflanzenbaulichen Beratern sowie letztendlich auch dem Landwirt als Endverbraucher im praktischen Anbau würden damit wichtige Informationen zur umfassenden Sortenbewertung hinsichtlich Leistung und Ökostabilität zur Verfügung stehen.

Es bleibt festzustellen, dass durch die Auswertung bestehender experimenteller Datengrundlagen neues Wissen generiert werden kann. Die geprüften Sortimente bieten ein breites Spektrum an Sorten, welches zum Teil erhebliche Unterschiede hinsichtlich Leistungsfähigkeit und Ökostabilität aufweist. Die Verwendung der vorgestellten Parameter und Ergebnisse kann zu einer erweiterten Sortenbewertung führen und die Sortenwahl in der landwirtschaftlichen Praxis unterstützen.

7 Zusammenfassung

Ziel dieser Arbeit war es, die Ökostabilität und Leistungsfähigkeit von verschiedenen Winterroggen- und Winterweizensorten unter differenzierten Umweltbedingungen in der Region Brandenburg zu analysieren. Im Rahmen dieser Arbeit wurden methodische Verfahren aufgezeigt und diskutiert, welche die Sortenauswahl und -empfehlung anhand eines optimierten Bewertungsschemas unterstützen können. Des Weiteren wurden spezielle Aspekte zu klimatischen Veränderungen und zur Sortenwahl auf landwirtschaftlichen Betrieben in der Region Nordostdeutschland erfasst.

Auf Basis von mehrortigen und -jährigen Ergebnissen aus Sortenversuchen in Brandenburg und unter Nutzung biostatistischer Parameter wurden verschiedene Roggen- und Weizensorten analysiert. Die Bewertung zur Ertragsfähigkeit und -stabilität umfasste neben der deskriptiven Statistik und Varianzanalyse folgende Parameter: Ökovalenz, Ökoregression und Floating Checks. Zusätzlich erfolgte die Einschätzung verschiedener Einflussgrößen auf die Ertragsvariabilität und die Prüfung der Sortenreaktion auf verschiedene Witterungsbedingungen anhand der klimatischen Wasserbilanz.

Die Ergebnisse der Sortenversuche zeigten, dass Boden und Jahreswitterung den stärksten Einfluss auf die Ertragsvariabilität hatten. Der Faktor Sorte war weniger bedeutsam, kann aber in ausgewählten und vor allem ungünstigen Umwelten durchaus einen wichtigen positiven Einfluss auf den Kornertrag ausüben. Auf Grundlage der Ergebnisse können die anfangs aufgestellten Hypothesen zum Faktor Sorte wie folgt beantwortet werden: Winterweizen reagierte im Vergleich zu Winterroggen empfindlicher auf schwierige Standort- und Witterungsbedingungen. Es bestanden deutliche Unterschiede auf Sortenebene hinsichtlich der Kriterien Ökostabilität, Leistungsfähigkeit und der Sortenreaktion auf differenzierte Umweltbedingungen. Bei Winterroggen erwiesen sich die Hybridsorten im Vergleich der Sortentypen als deutlich ertragsfähiger und tendenziell ertragsstabiler, vor allem auch unter trockenen Witterungsbedingungen. Beim Winterweizen erreichten die A-Sorten tendenziell stabilere Erträge, wobei die Unterschiede zwischen den Sorten innerhalb der jeweiligen Qualitätsgruppen gering ausfielen. Bei Winterroggen und Winterweizen zeichneten sich die Ertragsstrukturmerkmale Bestandesdichte und Kornzahl je Ähre im Durchschnitt der geprüften Sortimente gleichermaßen durch eine geringe Ökostabilität aus. Das Merkmal Tausendkornmasse hatte hingegen eine vorwiegend stabile Merkmalsausprägung. Insgesamt unterschieden sich die Fruchtarten auf Sortenebene erheblich.

7 Zusammenfassung

In Ergänzung zur Auswertung der experimentellen Daten aus den Sortenversuchen wurde eine begleitende empirische Studie zur Sortenwahl in Nordostdeutschland in Form von Experteninterviews und einer Praxisumfrage bei landwirtschaftlichen Betrieben durchgeführt. Dabei wurde auch auf Zusammenhänge zwischen Sortenwahl und Witterungseffekten im Zeichen des Klimawandels eingegangen. Im Rahmen der empirischen Studie gaben die befragten Landwirte an, bei der Sortenwahl besonders auf die Ertragsstabilität, Hitze- und Trockentoleranz sowie Ertragshöhe zu achten.

8 Summary

The object of this study was to analyse the eco-stability and capacity of different winter rye and winter wheat varieties under differentiated environmental conditions in the Brandenburg region. This paper shows and discusses a methodical procedure to support the selection and recommendation of varieties with an optimised assessment pattern. Then the paper covers special aspects on climatic changes and the selection of varieties on agricultural operations in the north-eastern region of Germany.

Based on results from variety trials at multiple environments in Brandenburg and using bio statistical parameters, different varieties of rye and wheat were analysed. The evaluation of yield capacity and stability includes following parameters: eco-valence, eco-regression and floating checks. Then different impact factors on variability of yield were estimated, and the reaction of varieties to different weather conditions was analysed according to the climatic water balance.

The results of the different tests showed that the yield performance is determined by different environmental factors and by variety. The factor environment, which considers soil and weather throughout the course of the year, had the strongest influence on the variability of yield. The factor variety was relevantly less influential, but in selected environments it can have an important influence on kernel yield. Based on the gathered findings the initially formulated hypotheses on the factor varieties could be answered as follows. Winter wheat responds more sensitively to difficult conditions of location and weather than winter rye. There are also considerable differences between winter rye and winter wheat on the level of varieties with regards to the criteria eco-stability, capacity, and their response to differentiated environmental conditions. Of winter rye the hybrid varieties compared to other variety types were considerably more capable of yield and in tendency more stable in yield, especially also under dry weather conditions. Of winter wheat the A-varieties in tendency realized more stable yields while there was little difference between the varieties of the different quality groups. In winter rye and winter wheat the yield structure characteristics of density of inventory and number of kernels per ear of the tested assortments on average are characterised equally by low eco-stability. The characteristic thousand-kernel-weight on the other hand shows predominantly stable characteristics. In total, both kinds of fruit show considerable differences on the level of the varieties.

The experimental data base was supplemented by an empiric study on the selection of varieties in the German region of Brandenburg which includes interviews with experts as well as a polling of the standard practice in agricultural operations. Under the empiric study the interviewed farmers said when selecting varieties they would pay particular attention to yield safety, dryness tolerance and yield capacity.

Literaturverzeichnis

ACHLER, B. (2011). Saatgut für Hybridweizen wird knapp. (Top Agrar) Abgerufen am 25. 02 2011 von http://www.topagrar.com/news/Home-top-News-Saatgut-fuer-Hybridweizen-wird-knapp-108146.html.

ACUNA, M. L., SAVIN, J. A., & SLAFER, G. A. (2005). Grain protein quality in response to changes in pre-anthesis duration in wheats. Journal of Agronomy & Crop Science (191), S. 226 - 232.

AHLEMEYER, J. (2011). Züchtungsfortschritt bietet Nutzen für Landwirte. Saat-Gut (1), S. 1 - 2.

AHLEMEYER, J. & FRIEDT, W. (2010). Entwicklung der Weizenerträge in Deutschland - Welchen Anteil hat der Zuchtfortschritt? Gumpenstein: 61. Tagung der Vereinigung der Pflanzenzüchter und Saatgutkaufleute Österreichs, S. 19 - 23.

AMT FÜR STATISTIK BERLIN-BRANDENBURG (2011). Bodennutzungserhebung im Land Brandenburg. Statistischer Bericht, Potsdam. S. 6.

ARNCKEN, C. & DIERAUER, H. (2005). Perspektiven und Akzeptanz der Hybridzüchtung für den Bio-Anbau. Crop Naturaplan-Fonds Biosaatgutprojekt Modul 1.4, Forschungsinstitut für biologischen Landbau (FiBL), Frick (Schweiz).

ASSENG, S., FOSTER, I., TURNER, N. (2011): The impact of temperature variability on wheat yields. Global Change Biology (17), S. 997 - 1012.

ATTESLANDER, P. (2008). Methoden der empirischen Sozialforschung (12. Ausg.). Berlin: Erich Schmidt Verlag. S. 101 - 160.

AUFHAMMER, W. (1976). Für die Ertragsbildung kritische Wachstumsstadien bei der Getreidepflanze. DLG-Mitteilungen (14), S. 780 - 783.

BÄTZ, G. (1984): Empfehlungen zur erweiterten Auswertung von Versuchsserien, insbesondere unter Berücksichtigung der Prüfglied/Umwelt-Wechselwirkung. Feldversuchswesen (1), S. 20 - 31.

BAUMECKER, M. (2008). Die Wirtschaftlichkeit des Winterroggenanbaus auf leichten Standorten. Vortrag. Abgerufen am 11.04.2012 von http://www.agrar.hu-berlin.de/fakultaet/einrichtungen/freiland/publis.

BAUMECKER, M. (2011). Datentabelle: Wetterdaten sowie Ergebnisse der Sortenversuche von Winterroggen und Winterweizen am Standort Thyrow (Zeitraum: 2003 bis 2011). Dateiformat: Microsoft Office Excel. Thyrow: Lehr- und Forschungsstation (AG Freiland), Landwirtschaftlich-Gärtnerische Fakultät der Humboldt-Universität zu Berlin.

BAUMECKER, M. & ELLMER, F. (2009). Pflanzenbauliche Optionen unter wasserlimitierten Standortbedingungen am Beispiel von Winterroggen. Mitteilungen der Gesellschaft Pflanzenbauwissenschaften (21), S. 87-88.

BAUMECKER, M. & KÖHN, W. (2006). Versuchsführer. Landwirtschaftlich-Gärtnerische Fakultät, Humboldt-Universität zu Berlin. Thyrow: Lehr- und Forschungsstation AG Freiland. S. 35 - 38.

BECKER, H. C. (1981). Biometrical and empirical relations between different concepts of phenotypic stability. In Quantitative genetics and breeding methods. Versailles: INRA. S. 307 - 314.

BECKER, H. C. (1984). Theoretische Überlegungen und experimentelle Untersuchungen zur genetischen Basis der Heterosis. Hybridzüchtung (5), S. 23 - 42.

BECKER, H. C. & LEON, J. (1988). Stability Analysis in Plant Breeding. Plant Breeding (101), S. 1 - 23.

BERTHOLDSSON, N.-O. & STOY, V. (1995). Accumulation of Biomass and Nitrogen During Plant Growth in Highly Diverging Genotypes of Winter Wheat. Journal of Agronomic Crop Sciences (175), S. 167 - 181.

BLUM, A. (1996): Crop responses to drought and the interpretation of adaption. Plant Growth Regul. (20), S. 135 - 148.

BLUM, A. (2005): Drought resistance, water-use efficiency and yield potential – are they compatible, dissonant or mutually exclusive? Australian Journal of Agricultural Research (56), S. 1159 - 1168.

BOESE, S. (2006): Neue Weizensorten schneller verstehen. Praxisnah (3), S. 14 - 15.

BONFIL, D. J., KARNIELI, M., RAZ, M., MUFRADI, I., ASIDO, S., EGOZI, H. (2004). Decision support system for improving wheat grain quality in the Mediterranean area of Israel. Field Crops Research (89), S. 153 - 163.

BMELV (2010). Besondere Ernte- und Qualitätsermittlung 2010. Bonn: Bundesministerium für Ernährung, Landwirtschaft und Verbraucherschutz. S. 13.

BUNDESSORTENAMT (2000). Richtlinien für die Durchführung von landwirtschaftlichen Wertprüfungen und Sortenversuchen. Hannover: Landbuch-Verlag.

BUNDESSORTENAMT (2010). Experteninterview am 04.02.2010, Abt. Wertprüfung, Referat Getreide. Interviewer: Janna Sayer. Hannover.

BUNDESSORTENAMT (2011). Beschreibende Sortenliste: Getreide, Mais, Öl- und Faserpflanzen, Leguminosen, Rüben und Zwischenfrüchte. Hannover. S. 62 -67 , S. 86 - 139.

BUNDESVERBAND DEUTSCHER PFLANZENZÜCHTER e.V. (2010). Warum macht Züchtungsfortschritt zukunftsfähig? Zukunftsinitiative der deutschen Saatgutwirtschaft. Abgerufen am 21. 02. 2010 von http://www.z-saatgut.de/forschung-und-entwicklung.

CHAVES, M., MAROCO, J., PEREIRA, J. S. (2003): Understanding plant responses to drought – from genes to the whole plant. Functional Plant Biology (30), S. 239 - 264.

CHMIELEWSKI, F.-M. (1992). Impact of climate change on crop yields of winter rye in Halle (southeastern Germany), 1901 to 1980. Climate Research (2), S. 23-33.

CHMIELEWSKI, F.-M. (2009). Landwirtschaft und Klimawandel. Geographische Rundschau (9), S. 28-35.

CHMIELEWSKI, F.-M. (2011). Datentabelle: Wetterdaten der Standorte Berge, Blumberg und Berlin-Dahlem (Zeitraum: 2000 bis 2011). Dateiformat: Microsoft Office Excel. Berlin: Agrarklimatologie, Landwirtschaftlich-Gärtnerische Fakultät der Humboldt-Universität zu Berlin.

CHMIELEWSKI, F.-M. & KÖHN, W. (1999). Impact of weather on yield components of spring cereals over 30 years. Agricultural and Forest Meterology (96), S. 49-58.

CHMIELEWSKI, F.-M. & KÖHN, W. (2000). Impact of weather on yield components of winter rye over 30 years. Agricultural and Forest Meterology (102), S. 253 - 261.

CONDON, A., RICHARDS, R. A., FARQUHAR, G. D. (1993): Relationship between carbon isotope discrimination, water-use efficiency and transpiration efficiency for dryland wheat. Australian Journal of Plant Physiology (17), S. 1693 - 1711.

CONDON, A. G., RICHARDS, R. A., REBETZKE, G. J., FARQUHAR, G. D. (2004): Breeding for high water use-efficiency. Journal of Experimental Botany (55), S. 2447 - 2459.

DAI, A., WIGLEY, T., BOVILLE, B., KIEHL, J., & BUJA, L. (2001). Climates of the twentieth and twenty-first centuries simulated by the NCAR climate system model. Journal of Climate (14), S. 485 - 519.

DEBAEKE, P., AUSSENAC, J., FABRE, L., HILAIRE, A., PUJOL, B., & THURIES, L. (1996). Grain nitrogen content of winter bread wheat as related to crop management and to the previous crop. European Journal of Agronomy (5), S. 273 - 286.

DIAS, A. S., SEMEDO, J., RAMALHO, J. C., & LIDON, F. C. (2010). Bread and Durum Wheat under Heat Stress: A Comparative Study on the Photosynthetic Performance. Journal of Agronomy and Crop Science (196), S. 2 - 7.

DEUTSCHER WETTERDIENST (2011). Klimastatusbericht 2011. Abteilung Klima und Umwelt, Offenbach.

DEUTSCHER WETTERDIENST (2012). Wetterlexikon. Abgerufen am 09.04.2012 von http://www.dwd.de/bvbw/appmanager/bvbw/dwdwwwDesktop?_nfpb=true&_pageLabel=dwdwww_menu2_wetterlexikon.

EBERHART, S., & RUSSEL, W. (1966). Stability Parameter for Comparing Varieties. Crop Sciences (6), S. 36 - 40.

EITZINGER, J. (2005). Herausforderung einer möglichen Klimaänderung in den nächsten 20 Jahren an die Pflanzenzüchtung. Gumpenstein: Bericht über die 56. Tagung der Vereinigung der Pflanzenzüchter und Saatgutkaufleute Österreichs. S. 57 - 58.

EITZINGER, J., KERSEBAUM, K.-C., & FORMAYER, H. (2009). Landwirtschaft im Klimawandel - Auswirkungen und Anpassungsstrategien für die Land- und Forstwirtschaft in Mitteleuropa. Wien: AgriMedia. S. 165 - 177.

ELLMER, F. (2009). Ackerbau. In W. Diepenbrock, F. Ellmer, & J. Leon, Ackerbau, Pflanzenbau und Pflanzenzüchtung (2. Aufl.). Stuttgart: Eugen Ulmer KG. S. 170 - 187.

ELLMER, F. & BAUMECKER, M. (2007). Agrotechnische Aspekte des Roggenanbaus auf leichten Sandböden. In Roggen - Getreide mit Zukunft. Frankfurt: DLG Verlag. S. 133 - 137.

EREKUL, O. & KÖHN, W. (2006). Effect of Weather and Soil Conditions on Yield Components and Bread-Making Quality of Winter Wheat and Winter Triticale Varieties in North-East Germany. Agronomy & Crop Science (192), S. 452 - 464.

EULENSTEIN, F. (2010). Klimawandel - Prognosen und mögliche Auswirkungen auf den Getreideanbau in Deutschland. Getreide Magazin (4), S. 237 - 240.

FEIL, B. (1997). The inverse yield-protein relationship in cereals: possibilities and limitations for genetically improving the grain protein yield. Trends of Agronomy (1), S. 103 - 119.

FEIL, B. (1998). Physiologische und pflanzenbauliches Aspekte der inversen Beziehung zwischen Ertrag und Proteinkonzentration bei Getreidesorten. Pflanzenbauwissenschaften (2), S. 37 - 46.

FELBERMEIR, T. (2011): Auswirkungen der Klimaänderung auf Naturalerträge. In: Klimaänderung - Antworten des Pflanzenbaus. Schriftenreihe der Bayerischen Landesanstalt für Landwirtschaft (9), S. 7 - 16.

FINLAY, K. & WILKINSON, G. (1963). The analysis of adaption in a breeding programme. Australien Journal of Agricultural Research (14), S. 742 - 754.

FRIEDLHUBER, R., SCHMIDHALTER, U., HARTL, L. (2010): Einfluss von Trockenstress auf die Bestandestemperatur und den Ertrag bei Weizen. Gumpenstein: 61. Tagung der Vereinigung der Pflanzenzüchter und Saatgutkaufleute Österreichs, S. 155 - 158.

FRIEDRICHS, J. (1980). Methoden empirischer Sozialforschung (14. Ausg.). Opladen: Westdeutscher Verlag GmbH. S. 222 - 235.

FRIEDT, W. & LINK, K. (2007). Klimawandel als Herausforderung - Entwicklung und Nutzung stresstoleranter Sorten für Nahrung und Energie. Ansätze der Züchtung auf Stresstoleranz. Vorträge für Pflanzenzüchtung (72), S. 69 - 77.

GEIGER, H. H. & MIEDANER, T. (2009): Rye breeding. In: Cereals (Handbook of Plant Breeding), Vol. 3, New York: Springer. S. 157 - 181.

GEISSLER, G. (1980): Pflanzenbau: Ein Lehrbuch – Biologische Grundlagen und Technik der Pflanzenproduktion. Paul Parey, Berlin und Hamburg, 2. Aufl.

GERSTENGARBE, F.-W., BADECK, F., HATTERMANN, F., KRYSANOVA, V., LAHMER, W., LASCH, P., STOCK, M., SUCKOW, F., WECHSUNG, F., WERNER, P. C. (2003). Studie zur klimatischen Entwicklung im Land Brandenburg bis 2055 und deren Auswirkungen auf den Wasserhaushalt, die Forst- und Landwirtschaft sowie Ableitung erster Perspektiven. Potsdam: Potsdam-Institut für Klimafolgenforschung e. V., PIK-Report No. 83, 78 S.

GODDING, M. & DAVIES, W. (1997). Wheat Production and Utilization - Systems, Quality and Environment. Oxon, UK: CAB International. 355 S.

GUPTA, N. K., GUPTA, S., & KUMAR, A. (2001). Effect of water stress on physiological attributes and their relationship with growth and yield of wheat cultivars at different stages. Journal of Agronomy & Crop Science (186), S. 55 - 62.

HANSEN, H. B., MOELLER, B., ANDERSEN, S. B., JOERGENSEN, R., HANSEN, A. (2004): Grain Characteristics, Chemical Composition, and Functional Properties of Rye as Influenced by Genotype and Harvest Year. Journal of Agricultural and Food Chemistry (52), S. 2282 - 2291.

HAMANN, H.-J. (1981). Untersuchungen zur Intensivierung der Getreideproduktion auf Sandböden durch Beregnung und Düngung. Bernburg: Diss., S. 174.

HARTL, L. (2008). Mehr Ertrag durch Zuchtfortschritt bei Getreide. In: Pflanzenbau unter neuen Preis-Kosten-Bedingungen. Schriftenreihe der Bayerischen Landesanstalt für Landwirtschaft (11). S. 13 - 16.

HARTL, L., MOHLER, V., HENKELMANN, G. (2010). Backqualität und Ertrag im deutschen Weizensortiment. I. Historische Entwicklung. Gumpenstein: 61. Tagung der Vereinigung der Pflanzenzüchter und Saatgutkaufleute Österreichs. S. 25 - 28.

HARTMANN, G. (2011). Ertrag und Ertragsstabilität von Winterweizen in Mitteldeutschland. Vortrag am 09.09.2011 in Groitzsch. Landesanstalt für Landwirtschaft Sachsen-Anhalt, Forsten und Gartenbau, Zentrum für Acker- und Pflanzenbau.

HAUDE, W. (1955). Zur Bestimmung der Verdunstung auf möglichst einfache Weise. Mitteilungen des Deutschen Wetterdienstes (11), S. 2.

HAUFE, W. GEIDEL, H. (1978): Zur Beurteilung der Ertragssicherheit von Sorten und Zuchtstämmen. Zeitschrift für Pflanzenzüchtung (80), S. 24 - 37.

HLAVINKA, P., TRNKA, M., SEMERADOVA, D., DUBROVSKY, M., ZALUD, Z., MOZNY, M. (2009): Effect of drought on yield variability of key crops in Czech Republic. Agricultural and Forest Meteorology (149), S. 431 - 442.

HRSTKOVA, P., HOLKOVA, L., HRONKOVA, M., VLASAKOVA, E., CHLOUPEK, O. (2010): Comparison of different approaches for the evaluation of response of winter wheat to drought. Gumpenstein: 61. Tagung der Vereinigung der Pflanzenzüchter und Saatgutkaufleute Österreichs. S. 141 - 146.

HU, Y. C., SHAO, H. B., GANG, W. (2006): Relationship between water use efficiency and production of different wheat genotypes at soil water deficit. Colloid Surface B (53), S. 271 - 277.

I. G. PFLANZENZUCHT GMBH (2010). Experteninterview am 21.05.2010, Abt. Fachberatung. Interviewer: Janna Sayer. Thyrow.

INGRAM, J., BARTELS, D. (1996): The molecular basis of dehydration tolerance in plants. Plant Molecular Biology (47), S. 377 - 403.

JENSEN, N. F. (1976): Floating checks for plant breeding nurseries. Cereal Research Communications (4), S. 285 - 295.

JULIUS KÜHN-INSTITUT, BUNDESFORSCHUNGSINSTITUT FÜR KULTURPFLANZEN (2010). Experteninterview am 21.04.2010, Institut für Resistenzforschung und Stresstoleranz. Interviewer: Janna Sayer. Quedlinburg.

KANG, M. S. (1988): A rank-sum method for selecting high-yielding, stable corn genotypes. Cereal Research Communications (16), S. 113 - 115.

KATARIA, S., GURUPRASAD, K. N. (2012): Solar UV-B and UV-A/B exclusion effects on intraspecific variations in crop growth and yield of wheat varieties. Field Crops Research (125), S. 8 - 13.

KAZMAN, E. & INNEMANN, A. (2009). Wie sieht eine Weizensorte in 5-10 Jahren aus? Wie stellt sich die Pflanzenzüchtung auf kommende Veränderungen ein? Gumpenstein: 60. Tagung der Vereinigung der Pflanzenzüchter und Saatgutkaufleute Österreichs. S. 5 - 10.

KÖHN, W. (2002). Versuchsführer. Berlin Versuchsstation Pflanzenbauwissenschaften, Landwirtschaftlich-Gärtnerische Fakultät, Humboldt-Universität zu Berlin. S. 9 ff.

KÖHN, W. (2009). Datentabelle: Ergebnisse aus dem Ringversuch für Winterroggen und Winterweizen (Zeitraum: 2000 bis 2004). Dateiformat: Microsoft Office Excel. Berlin: Versuchsstation Pflanzenbauwissenschaften, Landwirtschaftlich-Gärtnerische Fakultät der Humboldt-Universität zu Berlin.

KÖHN, W. (2012). Datentabelle: Versuchsergebnisse E-Feld am Standort Berlin-Dahlem für Winterroggen (1953 bis 2010) und Winterweizen (1987 bis 2011). Dateiformat: Microsoft Office Excel. Berlin: Lehr- und Forschungsstation (AG Freiland), Landwirtschaftlich-Gärtnerische Fakultät der Humboldt-Universität zu Berlin.

KÖLSCH, E., STÖPPLER, H., & VOGTMANN, H. (1988). Untersuchungen zu Eigenschaften von Winterroggensorten und Triticale in einem Betrieb mit geringer Betriebsmittelzufuhr von außen. Journal of Agronomy and Crop Science (4), S. 256 - 263.

KÖPPEN, W. (1936). Das geographische System der Erde. In W. Köppen, R. Geiger, Handbuch der Klimatologie, Bd. 1, Teil C, Berlin.

KORNMEIER, M. (2007). Wissenschaftstheorie und wissenschaftliches Arbeiten. Heidelberg: Springer-Physica. S. 164 - 168.

KREUTZER, K. (1991). Vergleichende Untersuchungen zur Stressökologie von *Triticum aestivum L.* - Kombinationseffekte von Trockenheit, Salz- und Begleitstress auf CO^2-Gaswechsel und Wachstum. Bremen: Diss., S. 146.

KUNTZE, H., ROESCHMANN, G., & SCHWERDTFEGER, G. (1994). Bodenkunde (5. Ausg.). Stuttgart: Ulmer.

KWS LOCHOW GMBH (2010). Experteninterview am 05.05.2010, Saatzuchtstation Getreide. Interviewer: Janna Sayer. Petkus.

KWS SAAT AG (2010). Experteninterview am 21.04.2010, Abt. Fachberatung. Interviewer: Janna Sayer. Berlin-Dahlem.

LAMNEK, S. (2005). Qualitative Sozialforschung (4. Ausg.). Basel: Beltz PVU. S. 329 - 402.

LELF (2010 a). Sortenratgeber Winterroggen und Wintertriticale 2009/2010. Landesamt für ländliche Entwicklung, Landwirtschaft und Flurneuordnung Brandenburg, Referat Ackerbau und Grünland. Potsdam, Brandenburg. S. 3 - 10.

LELF (2010 b). Sortenratgeber Winterweizen 2009/2010. Landesamt für ländliche Entwicklung, Landwirtschaft und Flurneuordnung Brandenburg, Referat Ackerbau und Grünland. Potsdam, Brandenburg. S. 3 - 6.

LELF (2011 a). Sortenratgeber Winterroggen und Wintertriticale 2010/2011. Landesamt für ländliche Entwicklung, Landwirtschaft und Flurneuordnung Brandenburg, Referat Ackerbau und Grünland. Potsdam, Brandenburg. S. 3 - 6.

LELF (2011 b). Sortenratgeber Winterweizen 2010/2011. Landesamt für ländliche Entwicklung, Landwirtschaft und Flurneuordnung Brandenburg, Referat Ackerbau und Grünland. Potsdam, Brandenburg. S. 3 - 5.

LELF (2012 a). Datentabelle: Wetterdaten der Prüfstationen Nuhnen und Güterfelde sowie Ergebnisse der Landessortenversuche Brandenburg für Winterroggen und Winterweizen (Zeitraum: 2003 bis 2011). Dateiformat: Microsoft Office Excel. Güterfelde: Landesamt für ländliche Entwicklung, Landwirtschaft und Flurneuordnung Brandenburg, Ackerbau und Grünland.

LELF (2012 b). Sortenratgeber Winterroggen und Wintertriticale 2011/2012. Landesamt für ländliche Entwicklung, Landwirtschaft und Flurneuordnung Brandenburg, Referat Ackerbau und Grünland. Potsdam, Brandenburg. S. 3 - 6.

LELF (2012 c). Sortenratgeber Winterweizen 2011/2012. Landesamt für ländliche Entwicklung, Landwirtschaft und Flurneuordnung Brandenburg, Referat Ackerbau und Grünland. Potsdam, Brandenburg. S. 3 - 7.

LIN, C. S., BINNS, M. R., LEFKOVITCH, L. P. (1986): Stability analysis: where do we stand? Journal of Crop Sciences (26), S. 894 - 900.

LINKE, C., Grimmert, S., HARTMANN, I., REINHARDT, K. (2011). Auswertung regionaler Klimamodelle für Brandenburg. In: Fachbeiträge des Landesumweltamtes (113). Potsdam: Landesumweltamt Brandenburg, Referat T2 - Klimaschutz, Umweltbeobachtung und -toxikologie. S. 27 - 35.

LVLF (2007): Jahresbericht 2007 des Landesamtes für Verbraucherschutz, Landwirtschaft und Flurerneuerung Brandenburg, Referat Ackerbau und Grünland. Frankfurt (Oder), Brandenburg. S. 34 - 35.

LÖPMEIER, F.-J. (1994). Berechnung der Bodenfeuchte und Verdunstung mittels agrarmeteorologischer Modelle. Zeitschrift für Bewässerungswirtschaft (29), S. 157 - 167.

LUPTON, F. (1987). Wheat – Bredding. Cambridge: Chapmann & Hall. S. 314 - 316.

MAYER, J. & WIGANKOW, C. (2010). Blick auf den Klimawandel im Acker- und Pflanzenbau aus Sicht der Brandenburger Landwirte, sowie mögliche Maßnahmen der Anpassung. Berlin: Studienprojekt. S. 12 - 23.

MICHEL, V. & PIENZ, G. (2007 a). Die Rolle des Züchtungsfortschrittes und des öffentlichen Sortenversuchswesens für Gesellschaft und Landwirtschaft. In: Beiträge zum Sorten- und Versuchswesen und zur Biostatistik (S. 22 - 30). Abgerufen am 06. 02 2012 von http://www.landwirtschaft-mv.de/cms2/LFA_prod/LFA/content/de/Fachinformationen/Sorten/Beitraege/index.jsp?&seite=2&artikel=2231.

MICHEL, V. & PIENZ, G. (2007 b). Sortenwahl in der Praxis – eine komplexe Abwägung. In: Beiträge zum Sorten- und Versuchswesen und zur Biostatistik (S. 37 - 41). Abgerufen am 06. 02 2012 von http://www.landwirtschaft-mv.de/cms2/LFA_prod/LFA/content/de/Fachinformationen/Sorten/Beitraege/index.jsp?&seite=2&artikel=2231.

MICHEL, V., SCHULZ, R.-R., PIENZ, G. (2008). Sortenwahl verstärkt auf Trockentoleranz ausrichten. Abgerufen am 11. 04. 2012 von http://www.landwirtschaft-mv.de/cms2/LFA_prod/LFA/content/de/Fachinfor-mationen/Sorten/Beitraege/index.jsp?&artikel=2212.

MICHEL, V., ZENK, A., MICHEL, M. (2007). Neue Möglichkeiten in der komplexen Sekundärauswertung von Erhebungen am Beispiel der Besonderen Ernteermittlung. In: Beiträge zum Sorten- und Versuchswesen und zur Biostatistik (S. 102 - 106). Abgerufen am 11. 04 2012 http://www.landwirtschaft-mv.de/cms2/LFA_prod/LFA/content/de/Fachinformationen/Sorten/Beitraege/index.jsp?&seite=2&artikel=2231.

MICHEL, V. & ZENK, A. (2010). Eignung von Winterweizensorten unter speziellen Anbaubedingungen und Einführung neuer Parameter zur Bewertung von Sorten unter besonderer Berücksichtigung klimatischer Veränderungen. Landesforschungsanstalt für Landwirtschaft und Fischerei Mecklenburg-Vorpommern, Institut für Acker- und Pflanzenbau. Gülzow, Mecklenburg-Vorpommern. S. 2 - 22.

MIEDANER, T. (2010). Sorten und Sortenschutz. In Spezielle Pflanzenzüchtung. Frankfurt am Main: DLG-Verlag. S. 227 - 229.

MIEDANER, T. & GEIGER, H. H. (1997). Fortschritte in der Hybridzüchtung bei Winterroggen. Gumpenstein: Bericht der Arbeitsgemeinschaft der Saatzuchtleiter. S. 51 - 56.

MINISTERIUM FÜR INFRASTRUKTUR UND LANDWIRTSCHAFT (2010). Agrarbericht 2010 des Landes Brandenburg. Potsdam: Brandenburgische Universitätsdruckerei und Verlagsgesellschaft Potsdam mbH.

MITTLER, S. (2000): Ökovariabilität von Winterweizen unter Standortbedingungen Nordostdeutschlands. Berlin: Diss., S. 155.

MÖHRING, J., BÜCHSE, A., PIEPHO, H.-P., MICHEL, V., RATH, J., & LAIDING, F. (2004). Gesundsparen ohne Nachteile. DLG-Mitteilungen (6), S. 22 - 23.

MÖLLER, K. (2002): Was bringt höhere Wassereffizienz? Praxisnah 4/2002, S. 12 - 13.

MOLNAR, I., GASPAR, L., SARVARI, E., DULAI, S., HOFFMANN, B., MOLNAR-LANG, M., GALIBA, G. (2004): Physiological and morphological responses to water stress in *Triticum aestivum* genotypes with different tolerance to drought. Funcional Plant Biology (31), S. 1149 - 1159.

MÜLLER, C. (1975). Wirkung zeitlich und mengenmäßig variierter Wasserversorgung auf die Ertragsbildung von Getreide. Halle/Saale: Diss., S. 128.

MUSSHOFF, O., ODENING, M., & XU, W. (2006). Modeling and Hedging Rain Risk. Contributed paper. Annual Meeting of the American Agricultural Economics Association, California, July 23 - 26, 2006.

MUTZ, W. (1980). Bestandesführung von Winterweizen. DLG-Mitteilungen (95), S. 1131 - 1133.

NIEDER, G. (1980). Sortenspezifisches Ertragsverhalten von Weizen unter besonderer Berücksichtigung des Wasserhaushaltes. Bremen: Diss., S. 133.

OBERFORSTER, M. (2009). Trockenheit – Herausforderung für die Züchtung und den Anbau von Getreide. In: Bericht über das 4. Klimaseminar zum Thema Klimaveränderung – Anpassungsstrategien und Modellanwendungen für die Landwirtschaft, Lehr und Forschungszentrum für Landwirtschaft Raumberg-Gumpenstein. S. 23 - 28.

OEHMICHEN, J. (1986): Produktionstechnik. In: Pflanzenproduktion (Bd. 2). Berlin and Hamburg: Verlag Paul Parey.

OTTE, U. (2008). Das Klima ändert sich, verändert sich auch die Landwirtschaft? Mais (2), S. 40 - 43.

PAUK, J., CSEUZ, L., LANTOS, C., MIHALY, R., SZENASI, M. (2009). Drought stress and the response of wheat: nursery and complex stress diagnostic experiments. Gumpenstein: 60. Tagung der Vereinigung der Pflanzenzüchter und Saatgutkaufleute Österreichs. S. 15 - 18.

PAUK, J., MIHALY, R., LANTOS, C., FLAMM, C., TEIZER, B., ZECHNER, E., LIVAJA, M., SCHMOLKE, M., CSEUZ, L., RUTHNER, S. (2010): Wheat under environmental stress: experiments with 25 elite genotypes within the CORNET network. Gumpenstein: 61. Tagung der Vereinigung der Pflanzenzüchter und Saatgutkaufleute Österreichs. S. 135 - 139.

PIEPHO, H.-P. (1998). Methods for Comparing the Yield Stability of Cropping Systems. Journal of Agronomy & Crop Science (180), S. 193 - 213.

PIEPHO, H.-P. & MICHEL, V. (2001). Überlegungen zur regionalen Auswertung von Landessortenversuchen. Informatik, Biometrie und Epidemiologie in Medizin und Biologie (31), S. 123 - 139.

PIEPHO, H.-P., MICHEL, V., ZENK, A. (2011). PIAFStat-Verfahren für die „Hohenheim-Gülzower Serienauswertung". Gülzow: Landesforschungsanstalt für Landwirtschaft und Fischerei Mecklenburg-Vorpommern. S. 4 - 5.

PIEPHO, H.-P. & MÖHRING, J. (2005). Best linear unbiased prediction of cultivar effects for subdivided traget regions. Crop Science (45), S. 1151 - 1159.

REBETZKE, G. J., CONDON, A. G., RICHARDS, R. A., FARQUHAR, G. D. (2002): Selection for reduced carbon isotope discrimination increases aerial biomass and grain yield of rainfed bread wheat. Crop Sciences (42), S. 739 - 745.

REINER, L., BUHLMANN, V., GRASSER, S., HEISSENHUBER, A., KLASEN, M., PFEFFERKORN, V., SPANAKAKIS, A. (1992): Weizen aktuell. 2. Aufl., Frankfurt a. M.: DLG-Verlag. S. 269.

RICHTER, C. (2004). Variationskoeffizient. In: Einführung in die Biometrie (Bd. 1). Berlin: Saphir-Verlag. S. 69 - 70.

RICHTER, C., GUIARD, V., & KRÜGER, F. (1999). Auswertung von Versuchsserien mit zwei Prüffaktoren in Anlagen mit vollständigen Blocks. Zeitschrift für Agrarinformatik (1), S. 10 - 22.

RIZZA, F., GHASHGHAIE, J., MEYER, S., MATTEU, L., MASTRANGELO, A.-M., (2012): Constitutive differences in water use efficiency between two wheat cultivars. Field Crops Research (125), S. 49 - 60.

ROSSBERG, D., MICHEL, V., GRAF, R., NEUKAMPF, R. (2007). Definition von Boden-Klima-Räumen für die Bundesrepublik Deutschland. Nachrichtenblatt des Deutschen Pflanzenschutzdienstes (59), S. 155 - 161.

SAATEN-UNION GmbH (2010). Experteninterview am 16.03.2010, Abt. Fachberatung. Interviewer: Janna Sayer. Isernhagen.

SAATEN-UNION GmbH. (2011). Saaten Union - Züchtung bietet viel Potential für die Zukunft. Abgerufen am 06. 03. 2011 von: http://archiv.saaten-union.de/ index.cfm/article/3460.html.

SAMARAH, N., ALQUDAH, A., AMAYREH, J., & MCANDREWS, G. (2009). The Effect of Drought Stress on Yield Components of Four Wheat Cultivars. Journal of Agronomy & Crop Science (195), S. 427 - 441.

SCHACHSCHNEIDER, R. (2007). Züchtung im Klimawandel. Praxisnah (2), S. 2 - 7.

SCHALLER, M. & WEIGEL, H.-J. (2007): Analyse des Sachstands zu Auswirkungen von Klimaveränderungen auf die deutsche Landwirtschaft und Maßnahmen zur Anpassung. Braunschweig: Bundesforschungsanstalt für Landwirtschaft (FAL), Agricultural Research Special Issue (316), S. 26 - 38, 118.

SCHNELL, F. W. (1982). A synoptic study of the methods and categories of plant breeding. Journal of Plant Breeding (89), S. 1 - 18.

SCHNELL, F. W. & BECKER, H. C. (1985). Einflüsse von Heterozytogie und Heterogenität auf Ertrag und Ertragsstabilität. Gumpenstein: Bericht der Arbeitsgemeinschaft der Saatzuchtleiter. S. 165 - 172.

SCHÖNBERGER, H. (2004). Getreideanbau: Wenn Wasser zum ertragsbegrenzenden Faktor wird. Praxisnah (2), S. 6 - 7.

SEIFFERT, M. (1981): Drusch- und Hackfruchtproduktion. Berlin: VEB Deutscher Landwirtschaftsverlag.

SHENG, Q., HUNT, L. A. (1991): Shoot and root dry-weight and soil-water in wheat, triticale and rye. Journal of Plant Sciences (71), S. 41 - 49.

SMITH, R. & GROSS, K. (2006). Weed community and yield variability in diverse management systems. Weed Science (54), S. 106 - 113.

SPANAKAKIS, A. (2005). Züchtung von Weizensorten für die europäischen Märkte - Aspekte, Möglichkeiten, Grenzen. Gumpenstein: 56. Tagung der Vereinigung der Pflanzenzüchter und Saatgutkaufleute Österreichs. S. 9 - 16.

STAEGER, T. (2003). Empirisch-statistische Analyse von Wechselbeziehungen zwischen Klimasystem und Anthroposphäre in neoklimatologischer Zeit. Frankfurt am Main: Diss., S. 178.

STATISTISCHE ÄMTER DES BUNDES UND DER LÄNDER (2011): Erntestatistik, Hektarerträge ausgewählter landwirtschaftlicher Feldfrüchte - Jahressumme - regionale Ebenen (1999 bis 2011). Düsseldorf: Genesis - Regionaldatenbank Deutschland.

STATISTISCHES BUNDESAMT DEUTSCHLAND (2010). Agrarbericht 2010. Abgerufen am 20. 10. 2010 von: http://www.destatis.de.

STEGEMANN, K., DOUMLRFELB, H., & WEISA, V. (1995). Methodische Untersuchungen zur Sekundärauswertung von Sortenversuchen bezüglich der Ertragsstabilität - mit Hilfe der Ökoregression. Archives of Agronomy and Soil Science (39), S. 389 - 395.

STREDA, T., DOSTAL, V., HORAKOVA, V., CHLOUPEK, O. (2010): Wurzelsystemgröße von Winterweizensorten in Beziehung zum Ertrag. Gumpenstein: 61. Tagung der Vereinigung der Pflanzenzüchter und Saatgutkaufleute Österreichs. S. 163 - 166.

THOMAS, E. T. (2006). Feldversuchswesen. Stuttgart: Verlag Eugen Ulmer. S. 348 - 356.

TRIBOI, E. (2001). Environmental effects on wheat grain growth and composition. Aspects of Applied Biology (64), S. 91 - 101.

TRÖMEL, S. & SCHÖNWIESE, C. D. (2008). Robust trend estimation of observed German precipitation. Theor. Appl. Climatol. (93), S. 107 - 115.

TRUBERG, B., & HÜHN, M. (2000). Contributions to the Analysis of genotype x Environment Interactions. Journal of Agronomy & Crop Science (185), S. 267 - 274.

UCKERT, G. (2010). Motivation zur Produktion von Energieholz in landwirtschaftlichen Betrieben - Ergebnisse einer Befragung in Brandenburg. In: Zustandsbericht zur aktuellen Umsetzung von Bioenergie auf landwirtschaftlichen Betrieben. Müncheberg: Zentrum für Agrarlandschaftsforschung. S. 2 - 37.

VOET, S. (2000). Medien - Vierte Gewalt? Abgerufen am 23. 02. 2011 von: http://www.grin.com/e-book/99361/medien-vierte-gewalt.

WEBER, D. (1988). Bestandeskennwerte und Ertragskomponenten bei Winterweizen auf einem Löß-Standort zur Erzielung von Höchsterträgen. Rostock: Diss., S. 123.

WECHSUNG, F., GERSTENGARBE, F.-W., LASCH, P., LÜTTGER, A. (2008): Die Ertragsfähigkeit ostdeutscher Ackerflächen unter Klimawandel. Potsdam: Potsdam-Institut für Klimafolgenforschung e.V.. PIK Report (102), S. 4 - 15.

WITT, M. & BARFIELD, J. (1982). Environmental stress and plant productivity. Handbook of Agricultural Productivity, Vol. I, S. 347 - 350.

WRICKE, G. (1962). Über eine Methode zur Erfassung der ökologischen Streubreite in Feldversuchen. Zeitschrift für Pflanzenzüchtung (47), S. 92 - 96.

ZACHOW, B. & MIEGEL, K. (2001). Die Beurteilung von Pflanzenentwicklung und Nährstoffeffizienz anhand von Kenngrößen des Bodenwasserhaushalts. Rostocker Agrar- und Umweltwissenschaftliche Beiträge (9), S. 401 - 410.

Anhang

Verzeichnis der Abbildungen im Anhang

Abbildung A 1:	Kornertrag von Winterroggen am Standort Berlin-Dahlem (1953 bis 2010)	139
Abbildung A 2:	Kornertrag von Winterweizen am Standort Berlin-Dahlem (1987 bis 2011)	139
Abbildung A 3:	Kornertrag verschiedener Sortentypen von Winterroggen am Standort Berlin-Dahlem (1990 bis 2011)	140
Abbildung A 4:	Regionales Anschreiben an Landwirte im Rahmen der Praxisumfrage	141
Abbildung A 5:	Fragebogen Seite 1, Praxisumfrage	142
Abbildung A 6:	Fragebogen Seite 2, Praxisumfrage	143
Abbildung A 7:	Fragebogen Seite 3, Praxisumfrage	144
Abbildung A 8:	Fragebogen Seite 4, Praxisumfrage	145
Abbildung A 9:	Ertragserwartungen von Getreidearten in Abhängigkeit von der Ackerzahl	168
Abbildung A 10:	Ökoregression für das Merkmal Kornertrag im Vergleich von Winterroggen und Winterweizen (Landessortenversuche Brandenburg, 2003 bis 2011)	168
Abbildung A 11:	Ökoregression für das Merkmal Kornertrag im Vergleich von Winterroggen und Winterweizen (Sortenversuche Thyrow, 2003 bis 2011)	169
Abbildung A 12:	Ökoregression für das Merkmal Kornertrag im Vergleich von Winterroggen und Winterweizen (Ringversuch, 2000 bis 2004)	169

Verzeichnis der Tabellen im Anhang

Tabelle A 1:	Niederschlagshöhe und mittlere Lufttemperatur am Standort Berge, Zeitraum April bis Juni (2000 bis 2004)	146
Tabelle A 2:	Niederschlagshöhe und mittlere Lufttemperatur am Standort Blumberg, Zeitraum April bis Juni (2000 bis 2004)	146
Tabelle A 3:	Niederschlagshöhe und mittlere Lufttemperatur am Standort Berlin-Dahlem, Zeitraum April bis Juni (2000 bis 2004)	146
Tabelle A 4:	Niederschlagshöhe und mittlere Lufttemperatur am Standort Thyrow, Zeitraum April bis Juni (2000 bis 2004)	146
Tabelle A 5:	Niederschlagshöhe und mittlere Lufttemperatur am Standort Nuhnen, Zeitraum April bis Juni (2003 bis 2009)	146
Tabelle A 6:	Kurzcharakteristik der in die Auswertung einbezogenen Prüfstationen, Landessortenversuche Brandenburg	147
Tabelle A 7:	Datengrundlage (Teil A) für das Merkmal Kornertrag von Winterroggen (Sortenversuche Thyrow, 2003 bis 2011)	148
Tabelle A 8:	Datengrundlage (Teil B) für das Merkmal Kornertrag von Winterroggen (Sortenversuche Thyrow, 2003 bis 2011)	149
Tabelle A 9:	Datengrundlage (Teil A) für das Merkmal Kornertrag von Winterweizen (Sortenversuche Thyrow, 2003 bis 2011)	150
Tabelle A 10:	Datengrundlage (Teil B) für das Merkmal Kornertrag von Winterweizen (Sortenversuche Thyrow, 2003 bis 2011)	151
Tabelle A 11:	Datengrundlage für das Merkmal Kornertrag von Winterroggen (Landessortenversuche Brandenburg, 2003 bis 2011)	152
Tabelle A 12:	Datengrundlage für das Merkmal Bestandesdichte von Winterroggen (Landessortenversuche Brandenburg, 2003 bis 2011)	153
Tabelle A 13:	Datengrundlage für das Merkmal Kornzahl je Ähre von Winterroggen (Landessortenversuche Brandenburg, 2003 bis 2011)	154
Tabelle A 14:	Datengrundlage für das Merkmal Tausendkornmasse von Winterroggen (Landessortenversuche Brandenburg, 2003 bis 2011)	155
Tabelle A 15:	Datengrundlage (Teil A) für das Merkmal Kornertrag von Winterweizen (Landessortenversuche Brandenburg, 2003 bis 2011)	156
Tabelle A 16:	Datengrundlage (Teil B) für das Merkmal Kornertrag von Winterweizen (Landessortenversuche Brandenburg, 2003 bis 2011)	157
Tabelle A 17:	Datengrundlage (Teil A) für das Merkmal Bestandesdichte von Winterweizen (Landessortenversuche Brandenburg, 2003 bis 2011)	158
Tabelle A 18:	Datengrundlage (Teil B) für das Merkmal Bestandesdichte von Winterweizen (Landessortenversuche Brandenburg, 2003 bis 2011)	159
Tabelle A 19:	Datengrundlage (Teil A) für das Merkmal Kornzahl je Ähre von Winterweizen (Landessortenversuche Brandenburg, 2003 bis 2011)	160

Tabelle A 20:	Datengrundlage (Teil B) für das Merkmal Kornzahl je Ähre von Winterweizen (Landessortenversuche Brandenburg, 2003 bis 2011)	161
Tabelle A 21:	Datengrundlage (Teil A) für das Merkmal Tausendkornmasse von Winterweizen (Landessortenversuche Brandenburg, 2003 bis 2011)	162
Tabelle A 22:	Datengrundlage (Teil B) für das Merkmal Tausendkornmasse von Winterweizen (Landessortenversuche Brandenburg, 2003 bis 2011)	163
Tabelle A 23:	Datengrundlage (Teil A) für das Merkmal Rohproteingehalt von Winterweizen (Landessortenversuche Brandenburg, 2003 bis 2011)	164
Tabelle A 24:	Datengrundlage (Teil B) für das Merkmal Rohproteingehalt von Winterweizen (Landessortenversuche Brandenburg, 2003 bis 2011)	165
Tabelle A 25:	Datengrundlage (Teil A) für das Merkmal Rohproteinertrag von Winterweizen (Landessortenversuche Brandenburg, 2003 bis 2011)	166
Tabelle A 26:	Datengrundlage (Teil B) für das Merkmal Rohproteinertrag von Winterweizen (Landessortenversuche Brandenburg, 2003 bis 2011)	167

Anhang   139

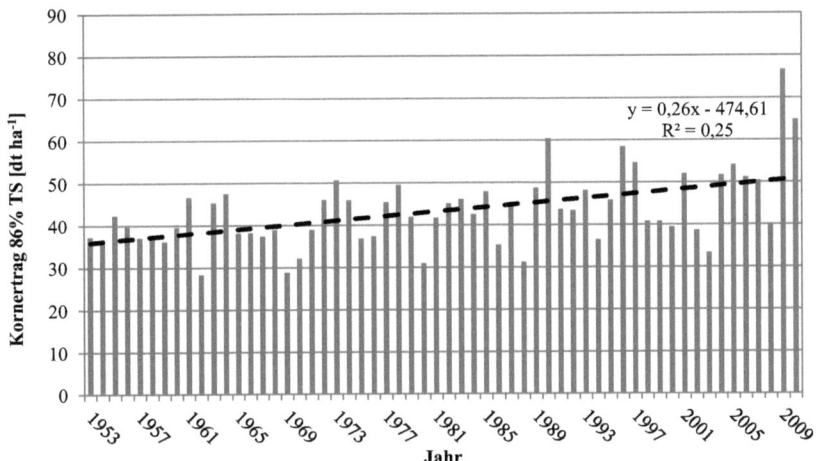

Abbildung A 1:   Kornertrag von Winterroggen am Standort Berlin-Dahlem (1953 bis 2010)
                     Quelle: modifiziert nach KÖHN (2012)

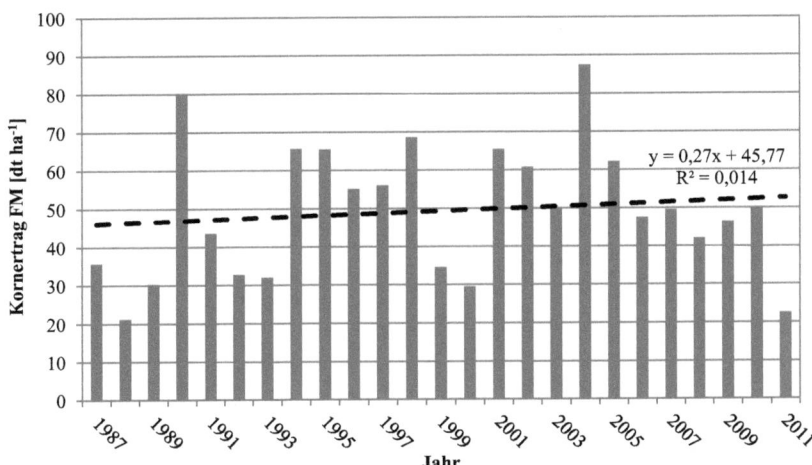

Abbildung A 2:   Kornertrag von Winterweizen am Standort Berlin-Dahlem (1987 bis 2011)
                     Quelle: modifiziert nach KÖHN (2012)

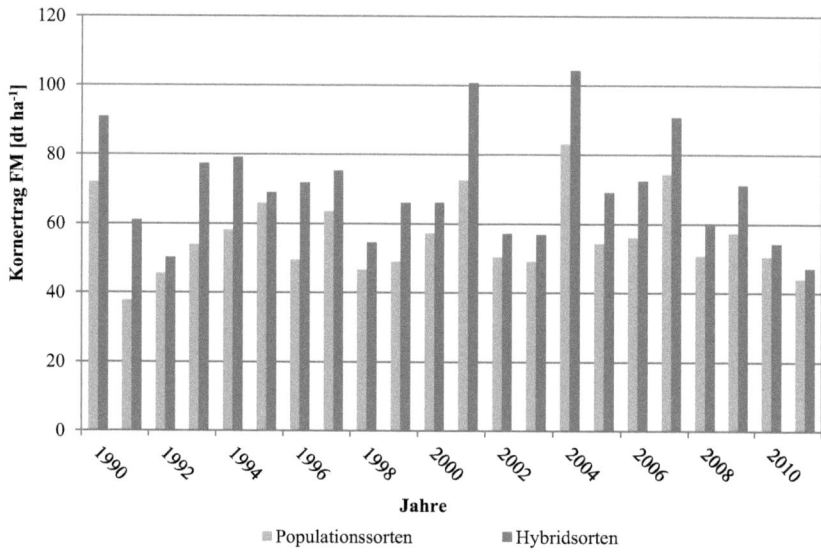

Abbildung A 3: Kornertrag verschiedener Sortentypen von Winterroggen am Standort Berlin-Dahlem (1990 bis 2011)
Quelle: modifiziert nach KÖHN (2012)

Aufruf: Humboldt-Universität bittet um Ihre Unterstützung!

Welche pflanzenbaulichen Anforderungen stellen Sie an die Sorten von morgen?

26.08.2010

Sehr geehrter Landwirt,

die Klimaprognosen für Brandenburg deuten auf ein zunehmendes Risiko im Feldfruchtanbau hin. Ausgehend von dieser Problematik hat sich der Forschungsverbund „Innovationsnetzwerk Klimaanpassung Brandenburg-Berlin" (INKA-BB) für den Bereich Landnutzung folgendes Ziel gesetzt:
Entwicklung geeigneter Anpassungsstrategien, um mögliche negative Auswirkungen von Klimaänderungen zu reduzieren und die Wettbewerbsfähigkeit des Agrarsektors zu unterstützen.
Im Rahmen dieses Forschungsprojektes wollen wir in Zusammenarbeit mit Ihnen Antworten auf die folgende Frage finden:
Welche pflanzenbaulichen Anforderungen stellt die landwirtschaftliche Praxis an die Sorten von morgen?
Beiliegend finden Sie unseren dafür entwickelten Fragebogen. Wir würden uns sehr freuen, wenn Sie sich fünf Minuten Zeit nehmen könnten, ihn auszufüllen und per Fax oder Post an uns zurück zu senden. Ihre Angaben werden hierbei selbstverständlich anonym behandelt.
Die Ergebnisse der Praxisumfrage präsentieren wir Ihnen gerne auf der kommenden Winterveranstaltung vom Märkischen Saatgutverband und ab Januar 2011 auch auf unserer Projekthomepage: www.klimsort-bb.de

Vielen herzlichen Dank für Ihr Interesse an unserer Arbeit und Ihre freundliche Unterstützung!

Janna Sayer (Projektbearbeiterin)

Rücksendung des Fragebogens bitte bis 30. September 2010 an Fax-Nr. 030 - 314 71 211

Kontakt: Janna Sayer	Postadresse:	
Tel.: 030/31471141	Humboldt-Universität zu Berlin	Albrecht-Thaer-Weg 5
Fax.: 030/31471211	Fachgebiet für Acker- und Pflanzenbau	14195 Berlin-Dahlem

Abbildung A 4: Regionales Anschreiben an Landwirte im Rahmen der Praxisumfrage
Quelle: Eigene Formulierung, Praxisumfrage (2010)

Umfrage zur Sortenwahl im Pflanzenbau des Landes Brandenburg

Teil 1: Aspekte zum Klimawandel

1.1. Haben Sie bereits Veränderungen, die dem Klimawandel zuzuschreiben sind, in Ihrer pflanzenbaulichen Produktion wahrgenommen?

☐ Ja, ich habe definitiv Veränderungen wahrgenommen.
☐ Eher ja, aber diese Veränderungen lassen sich nur schwer zuordnen.
☐ Eher nein, ich würde Veränderungen normalen Klimaschwankungen zuschreiben.
☐ Ich habe keinerlei Veränderungen wahrgenommen.
☐ Keine Angaben.

1.2. Welche Auswirkungen des Klimawandels konnten Sie bisher feststellen?
(Mehrfachnennungen möglich)

☐ Trockenheit/Dürre   ☐ Häufung klimatisch bedingter Extremsituationen
☐ Hitzewellen   ☐ Zunahme von Bodenerosion
☐ Starkregen   ☐ Längere Vegetationsperioden
☐ Unwetterzunahme   ☐ Andere:
☐ Keine Angaben   ....

1.3. Haben Sie Ihre Bewirtschaftungsweise in den letzten Jahren als Reaktion auf Klimaveränderungen angepasst?

☐ Nein, ich habe die Bewirtschaftungsweise nicht geändert/habe dies auch nicht vor.

☐ Ich habe die Bewirtschaftungsweise noch nicht geändert/ habe dies aber vor.

☐ Ja, ich bin bereits im Begriff Maßnahmen zu planen / habe diese bereits getroffen.

Geplante/umgesetzte Maßnahmen:
....
....
....

1.4. Haben Sie den Eindruck, dass sich die Aussaat- bzw. die Erntetermine witterungsbedingt häufiger verschieben?

Aussaat bzw. Ernte	Früher	Gleich	Später	Bemerkungen/Begründung
Aussaat Sommerfrüchte	☐	☐	☐	
Aussaat Winterfrüchte	☐	☐	☐	
Ernte Sommerfrüchte	☐	☐	☐	
Ernte Winterfrüchte	☐	☐	☐	

Abbildung A 5:   Fragebogen Seite 1, Praxisumfrage
Quelle: Eigene Formulierung, Praxisumfrage (2010)

2. Aspekte zum Entscheidungsprozess „Sortenwahl"

2.1. Sind Sie der Meinung, dass man sich unter anderem durch eine entsprechende Sortenwahl an die Auswirkungen des Klimawandels anpassen kann?

☐ Ja   ☐ Nein   ☐ Keine Angaben.

2.2. Wie hoch ist auf Ihrem Betrieb der Anteil von zugekauftem Z-Saatgut?

Zukauf von Z-Saatgut: .... %   ☐ Keine Angaben.

2.3. Welche Bedeutung haben für Sie die folgenden Informationsquellen zum Thema „Sortenwahl"?

Informationsquelle	Unwichtig	Nicht so wichtig	Wichtig	Sehr wichtig
Landessortenprüfung	☐	☐	☐	☐
Züchterversuche	☐	☐	☐	☐
Agrarhandel	☐	☐	☐	☐
Fachkollegen	☐	☐	☐	☐
Eigene Erfahrung	☐	☐	☐	☐

3. Aspekte zu Sorteneigenschaften verschiedener Fruchtarten

3.1. Wie wichtig sind Ihnen die folgenden Sorteneigenschaften im Hinblick auf den Klimawandel?

Sorteneigenschaften	Unwichtig	Nicht so wichtig	Wichtig	Sehr wichtig
Trockentoleranz	☐	☐	☐	☐
Hitzetoleranz	☐	☐	☐	☐
Schaderreger-Resistenz	☐	☐	☐	☐
Auswinterung	☐	☐	☐	☐
Standfestigkeit	☐	☐	☐	☐
Reifeverhalten	☐	☐	☐	☐
Potentielle Ertragshöhe	☐	☐	☐	☐
Ertragsstabilität	☐	☐	☐	☐
Verarbeitungsqualität	☐	☐	☐	☐

3.2. Unter Annahme der rechtlichen Möglichkeit: Würden Sie gentechnisch veränderte Sorten anbauen, welche Vorteile im Hinblick auf die Anpassung an den Klimawandel erwarten lassen?

☐ Ja   ☐ Nein   ☐ Keine Angaben

Abbildung A 6:   Fragebogen Seite 2, Praxisumfrage
                    Quelle: Eigene Formulierung, Praxisumfrage (2010)

3.3. Wie schätzen Sie für die letzten 10 Jahre die Entwicklung der Ertragsstabilität unter ungünstigen Witterungsbedingungen ein?

Fruchtart	Negativ	Neutral	Positiv	Keine Erfahrungen
Winterweizen	☐	☐	☐	☐
Winterroggen	☐	☐	☐	☐
Wintergerste	☐	☐	☐	☐
Wintertriticale	☐	☐	☐	☐
Winterraps	☐	☐	☐	☐
Silomais	☐	☐	☐	☐

3.4. Wie schätzen Sie für die letzten 10 Jahre die Entwicklung der Ertragshöhe unter ungünstigen Witterungsbedingungen ein?

Fruchtart	Negativ	Neutral	Positiv	Keine Erfahrungen
Winterweizen	☐	☐	☐	☐
Winterroggen	☐	☐	☐	☐
Wintergerste	☐	☐	☐	☐
Wintertriticale	☐	☐	☐	☐
Winterraps	☐	☐	☐	☐
Silomais	☐	☐	☐	☐

3.5. Wie schätzen Sie die Leistung von Hybridsorten unter ungünstigen Witterungsbedingungen auf Ihrem Betrieb ein?

Fruchtart	Sinkend	Gleichbleibend	Steigend	Keine Erfahrungen
Winterweizen	☐	☐	☐	☐
Winterroggen	☐	☐	☐	☐
Wintergerste	☐	☐	☐	☐
Winterraps	☐	☐	☐	☐

3.6. Wie schätzen Sie den Anteil von Hybridsorten in Ihrer künftigen Anbaustrategie ein?

Fruchtart	Sinkend	Gleichbleibend	Steigend	Keine Hybridsorte
Winterweizen	☐	☐	☐	☐
Winterroggen	☐	☐	☐	☐
Wintergerste	☐	☐	☐	☐
Winterraps	☐	☐	☐	☐

Abbildung A 7: Fragebogen Seite 3, Praxisumfrage
Quelle: Eigene Formulierung, Praxisumfrage (2010)

Teil 4: Allgemeine Angaben

Landwirt. Gesamtfläche .... ha   ☐ Ökologischer Betrieb
                                                  ☐ Konventioneller Betrieb

Ackerland: .... ha   Haupterwerbszweig:
                                                  ☐ Ackerbaubetrieb
Ackerzahl: ....   ☐ Gemischtbetrieb

                                                  ☐ Andere: ....

⌀ jährlicher Niederschlag: .... mm

Standort (Boden): ☐ leicht   ☐ leicht - mittel   ☐ mittel – schwer   ☐ schwer

4.1. Erfahrungen im Pflanzenbau:

☐ < 5 Jahre   ☐ 5 – 15 Jahre   ☐ 16-25 Jahre   ☐ >26 Jahre

4.2. Welche der folgenden Fruchtarten haben Sie in den letzten drei Jahren angebaut?
(Durchschnittliche Angabe pro Fruchtart in Hektar)

☐ Winterweizen: .... ha   ☐ Winterroggen: .... ha

☐ Wintergerste: .... ha   ☐ Wintertriticale: .... ha

☐ Winterraps: .... ha   ☐ Silomais: .... ha

4.3. Welche Sorten der folgenden Fruchtarten bauen Sie in diesem Jahr hauptsächlich an?
(Bitte Sortennamen eintragen)

☐ Winterweizen: ....   ☐ Winterroggen: ....

☐ Wintergerste: ....   ☐ Winterraps: ....

☐ Wintertriticale: ....   ☐ Silomais: ....

Abbildung A 8:   Fragebogen Seite 4, Praxisumfrage
Quelle: Eigene Formulierung, Praxisumfrage (2010)

Anhang 146

Tabelle A 1: Niederschlagshöhe und mittlere Lufttemperatur am Standort Berge, Zeitraum April bis Juni (2000 bis 2004)

Jahr	Niederschlagshöhe [mm]	mittlere Lufttemperatur [°C]
2000	78	15,5
2001	123	12,6
2002	157	14,2
2003	82	14,9
2004	107	13,1

Quelle: CHMIELEWSKI (2011)

Tabelle A 2: Niederschlagshöhe und mittlere Lufttemperatur am Standort Blumberg, Zeitraum April bis Juni (2000 bis 2004)

Jahr	Niederschlagshöhe [mm]	mittlere Lufttemperatur [°C]
2000	86	15,8
2001	160	12,8
2002	134	14,1
2003	79	15,4
2004	149	13,1

Quelle: CHMIELEWSKI (2011)

Tabelle A 3: Niederschlagshöhe und mittlere Lufttemperatur am Standort Berlin-Dahlem, Zeitraum April bis Juni (2000 bis 2004)

Jahr	Niederschlagshöhe [mm]	mittlere Lufttemperatur [°C]
2000	170	15,6
2001	204	14,2
2002	195	15,3
2003	146	16,1
2004	220	14,2

Quelle: CHMIELEWSKI (2011)

Tabelle A 4: Niederschlagshöhe und mittlere Lufttemperatur am Standort Thyrow, Zeitraum April bis Juni (2000 bis 2004)

Jahr	Niederschlagshöhe [mm]	mittlere Lufttemperatur [°C]
2000	115	15,3
2001	138	12,8
2002	173	13,9
2003	90	14,8
2004	156	13,0

Quelle: BAUMECKER (2011)

Tabelle A 5: Niederschlagshöhe und mittlere Lufttemperatur am Standort Nuhnen, Zeitraum April bis Juni (2003 bis 2009)

Jahr	Niederschlagshöhe [mm]	mittlere Lufttemperatur [°C]
2003	41,2	15,8
2004	62,4	14,1
2005	117,6	13,9
2006	127,8	14,4
2007	205,2	16,1
2008	140,0	14,8
2009	183,6	15,1

Quelle: LELF (2012 a)

Tabelle A 6: Kurzcharakteristik der in die Auswertung einbezogenen Prüfstationen, Landessortenversuche Brandenburg

Standorte	mittlere Ackerzahl	Bodenart	Niederschlagshöhe [mm] langjähriges Mittel (1971 bis 2000)	Lufttemperatur [°C] langjähriges Mittel (1971 bis 2000)
Badingen	40	lS	517	8,3
Baruth	32	lS	626	8,6
Berge	40	Sl	553	10,0
Dürrenhofe	30	Sl	541	8,5
Güterfelde	35	lS	545	8,9
Kliestow	33	lS	546	8,4
Krugau	25	Sl	541	8,5
Nuhnen	34	lS	535	8,6
Paulinenaue	31	hS	514	9,0
Pessin	45	lS	521	9,8
Petkus	31	lS	531	8,2
Prenzlau	40	lS	453	8,9
Sonnewalde	35	lS	429	9,1
Thyrow	25	Su	495	8,9
Zehdenick	30	lS	517	8,3

Quelle: LVLF (2007)

Tabelle A 7: Datengrundlage (Teil A) für das Merkmal Kornertrag von Winterroggen (Sortenversuche Thyrow, 2003 bis 2011)

Sortentyp	Sortenname	Anzahl Umwelten	Sortenmittelwert [dt ha^{-1}]	relativer Kornertrag [%]	Floating Checks [%]	Ökovalenz [%]	Reaktionsparameter b	Stabilitätsparamter s
H	Amato	2	60,8	110,0	96,3	-	-	-
H	Askari	8	67,9	107,0	93,1	6,4	1,01	5,03
H	Avanti	8	68,7	107,1	93,5	4,5	1,16	2,67
H	Balistic	1	71,4	109,3	84,5	-	-	-
H	Bellami	1	65,4	97,9	89,2	-	-	-
H	Bonapart	1	71,4	117,9	100,0	-	-	-
H	Brasetto	1	53,4	102,4	85,2	-	-	-
H	Esprit	2	58,9	95,4	80,6	-	-	-
H	Evolo	1	67,0	102,6	79,4	-	-	-
H	Fernando	8	70,2	109,4	95,5	2,9	0,88	1,59
H	Fugato	2	59,4	103,6	88,8	-	-	-
H	Gamet	3	75,5	108,3	96,5	-	-	-
H	Guttino	2	60,8	102,2	89,4	-	-	-
H	Helltop	2	66,2	111,3	97,4	-	-	-
H	Hellvus	3	75,2	110,2	94,7	-	-	-
H	Magnifico	1	50,0	95,7	79,7	-	-	-
H	Minello	3	61,3	101,7	90,6	-	-	-
H	Novus	3	66,9	101,9	90,9	-	-	-
H	Palazzo	2	66,9	112,4	98,4	-	-	-
H	Picasso	8	67,8	105,7	92,3	4,7	0,93	3,49
H	Placido	1	65,8	100,8	77,9	-	-	-
H	Pollino	2	60,8	105,9	90,8	-	-	-
H	Rasant	5	67,9	106,1	91,1	9,5	0,85	8,12
H	Resonanz	1	80,0	102,7	92,1	-	-	-
H	St SU Alesi	1	67,2	108,5	100,0	-	-	-
H	St SU Anra	1	61,5	99,3	91,5	-	-	-
H	Treviso	4	70,6	102,8	91,8	1,8	0,93	1,13
H	Ursus	2	67,5	109,4	92,4	-	-	-
H	Visello	5	66,1	108,2	91,8	10,5	1,10	8,85
P	Amilo	4	59,3	87,2	76,6	4,6	0,92	3,59
P	Borellus	1	58,2	94,0	86,6	-	-	-
P	Boresto	6	55,7	91,7	80,6	6,7	0,93	4,50
P	Born	4	64,2	94,5	83,0	4,1	1,07	3,59
P	Canovus	2	71,8	97,5	86,8	-	-	-
P	Cilion	3	66,7	95,7	85,2	-	-	-
P	Conduct	5	51,0	83,5	70,9	6,0	0,92	10,46

Quelle: BAUMECKER (2011) sowie eigene Berechnungen

Tabelle A 8: Datengrundlage (Teil B) für das Merkmal Kornertrag von Winterroggen (Sortenversuche Thyrow, 2003 bis 2011)

Sortentyp	Sortenname	Anzahl Umwelten	Sortenmittelwert [dt ha⁻¹]	relativer Kornertrag [%]	Floating Checks [%]	Ökovalenz [%]	Reaktionsparameter b	Stabilitätsparamter s
P	Dankowskie Diament	3	58,1	85,1	73,2	-	-	-
P	Dukato	3	60,1	97,9	81,8	-	-	-
P	Hacada	2	57,7	93,4	78,9	-	-	-
P	Matador	6	61,7	95,1	83,8	4,4	1,08	3,07
P	Nikita	6	62,5	94,2	82,6	4,0	1,14	2,22
P	Recrut	6	56,4	91,9	78,3	6,4	1,08	4,32
P	Walet	3	62,1	94,7	84,4	-	-	-
P	Warko	2	70,6	95,8	85,3	-	-	-
S	Cantor	3	61,4	95,0	81,9	-	-	-
S	Caroass	6	58,7	95,8	81,6	6,2	0,84	3,97
S	Carotop	3	57,3	91,5	80,5	-	-	-
S	Carotrumpf	1	43,8	90,4	74,2	-	-	-
S	Kapitän	3	63,1	97,6	84,2	-	-	-

Quelle: BAUMECKER (2011) sowie eigene Berechnungen

Tabelle A 9: Datengrundlage (Teil A) für das Merkmal Kornertrag von Winterweizen (Sortenversuche Thyrow, 2003 bis 2011)

Qualitätsgruppe	Sortenname	Anzahl Umwelten	Sortenmittelwert [dt ha^{-1}]	Kornertrag relativ [%]	Floating Checks [%]	Ökovalenz [%]	Stabilitätsparamter s	Reaktionsparameter b
A	Akratos	6	50,1	106,8	90,9	4,2	2,33	0,89
A	Akzento	1	38,2	93,4	82,4	-	-	-
A	Applaus	1	29,1	110,2	100,0	-	-	-
A	Aristote	1	39,9	107,6	90,4	-	-	-
A	As de Coeur	1	38,7	104,3	87,7	-	-	-
A	Batis	3	44,6	96,7	83,2	-	-	-
A	Boomer	3	42,1	105,6	90,2	-	-	-
A	Brilliant	4	45,6	101,9	87,5	9,6	5,15	0,72
A	Capo	2	38,9	90,2	79,6	-	-	-
A	Chevalier	3	44,6	96,9	82,6	-	-	-
A	Cubus	7	45,8	97,8	83,5	8,1	5,62	1,39
A	Discus	4	49,2	106,1	90,3	8,1	4,85	0,78
A	Ellvis	4	44,7	99,7	86,3	7,9	4,94	1,04
A	Esket	1	37,6	98,8	82,2	-	-	-
A	Format	2	51,4	105,5	90,1	-	-	-
A	Gaston	2	54,5	97,5	82,8	-	-	-
A	Gecko	2	46,7	95,8	81,8	-	-	-
A	Impression	3	38,0	95,4	81,5	-	-	-
A	JB Asano	2	49,4	102,5	87,9	-	-	-
A	Jenga	2	53,6	109,9	93,9	-	-	-
A	Julius	2	48,6	100,6	86,4	-	-	-
A	Kranich	1	32,9	86,5	71,9	-	-	-
A	KWS Pius	1	35,4	95,3	80,2	-	-	-
A	Lahertis	2	42,8	92,1	78,2	-	-	-
A	Leiffer	2	39,2	96,1	83,1	-	-	-
A	Levendis	2	43,2	92,9	78,9	-	-	-
A	Ludwig	5	41,6	94,6	81,5	4,3	2,26	0,97
A	Magnus	1	25,7	97,3	88,3	-	-	-
A	Meteor	1	37,6	92,9	78,8	-	-	-
A	Milvus	1	54,8	105,5	87,1	-	-	-
A	Mythos	1	35,4	92,9	77,3	-	-	-
A	Nirvana	3	41,6	93,5	79,4	-	-	-
A	Noah	1	46,4	89,2	73,6	-	-	-
A	Pamier	1	57,9	97,4	84,7	-	-	-
A	Paroli	2	49,3	106,0	90,1	-	-	-
A	Pegassos	6	42,2	98,2	84,2	6,3	3,02	0,90
A	Potenzial	2	53,1	106,4	91,6	-	-	-

Quelle: BAUMECKER (2011) sowie eigene Berechnungen

Tabelle A 10: Datengrundlage (Teil B) für das Merkmal Kornertrag von Winterweizen (Sortenversuche Thyrow, 2003 bis 2011)

Qualitätsgruppe	Sortenname	Anzahl Umwelten	Sortenmittelwert [dt ha⁻¹]	Kornertrag relativ [%]	Floating Checks [%]	Ökovalenz [%]	Stabilitätsparamter s	Reaktionsparameter b
A	Retro	2	44,4	91,1	77,8	-	-	-
A	Schamane	2	36,2	89,0	76,9	-	-	-
A	Sobi	2	46,1	99,2	84,3	-	-	-
A	Sokrates	1	25,2	95,5	86,7	-	-	-
A	SW Tataros	2	49,3	88,1	74,9	-	-	-
A	Tiger	2	43,4	100,6	88,7	-	-	-
A	Tommi	8	44,5	96,8	83,1	6,9	3,03	1,15
A	Toras	5	45,0	97,5	83,0	4,1	1,75	0,84
A	Türkis	5	44,6	96,5	82,1	8,2	4,66	0,94
B	Altigo	2	42,4	96,5	81,8	-	-	-
B	Anthus	3	39,9	100,1	85,4	-	-	-
B	Buteo	2	48,1	103,6	88,0	-	-	-
B	Campari	1	62,5	104,4	90,9	-	-	-
B	Dekan	2	44,2	102,4	90,4	-	-	-
B	Drifter	4	43,1	96,2	83,2	3,9	1,95	1,08
B	Ephoros	4	49,0	110,1	93,5	7,4	4,94	1,43
B	Hattrick	1	42,6	105,3	89,2	-	-	-
B	Hybred	5	54,6	113,3	96,8	5,9	3,79	1,16
B	Hymack	2	47,4	107,8	91,4	-	-	-
B	Hystar	1	53,6	105,5	89,9	-	-	-
B	Kalahari	1	33,6	90,6	76,1	-	-	-
B	Kredo	2	52,4	95,0	81,9	-	-	-
B	Mulan	5	45,1	99,9	84,9	6,3	2,44	0,76
B	Orcas	1	34,8	93,7	78,7	-	-	-
B	Primus	1	44,2	118,9	100,0	-	-	-
B	Solitär	2	44,0	94,6	80,4	-	-	-
B	Tarkus	1	68,3	115,0	100,0	-	-	-
B	Terrier	2	42,7	99,0	87,3	-	-	-
B	Tobak	1	38,1	102,6	86,2	-	-	-
C	Amply	1	26,5	100,4	91,1	-	-	-
C	Biscay	2	46,6	108,1	95,3	-	-	-
C	Henrik	1	42,9	115,5	97,1	-	-	-
C	Hermann	7	47,8	104,9	89,2	6,6	3,72	0,97
C	Hyland	2	50,3	114,5	97,0	-	-	-
C	Hystar	1	33,4	90,0	75,6	-	-	-
C	Skalmeje	2	41,7	106,2	89,2	-	-	-
C	Tabasco	2	55,7	101,1	87,1	-	-	-

Quelle: BAUMECKER (2011) sowie eigene Berechnungen

Tabelle A 11: Datengrundlage für das Merkmal Kornertrag von Winterroggen (Landessortenversuche Brandenburg, 2003 bis 2011)

Sortentyp	Sortenname	Ertragsstrukturtyp	Anzahl Umwelten	Sortenmittelwert [dt ha^{-1}]	Kornertrag relativ [%]	Floating Checks [%]	Ökovalenz [%]	Reaktionsparameter b	Stabilitätsparameter s
H	Askari	KD	73	74,7	102,3	92,0	5,3	0,98	9,75
H	Amato	EÄ	22	73,2	106,0	95,1	5,8	1,11	2,93
H	Avanti	KD	36	72,5	104,6	93,7	6,1	1,08	3,35
H	Bellami	BD	29	81,5	104,3	92,0	9,1	0,98	4,403
H	Balistic	BD	11	76,2	110,2	96,0	6,2	1,32	2,98
H	Brasetto	KD	31	81,0	109,0	96,9	5,9	0,93	4,22
H	Evolo	BD	11	74,2	107,3	93,5	6,7	0,90	6,54
H	Fernando	KD	36	72,9	105,2	94,2	6,1	0,93	6,53
H	Fugato	KD	25	72,0	101,8	91,1	5,4	0,93	5,65
H	Guttino	KD	35	79,7	123,7	94,1	5,8	0,91	2,78
H	Helltop	EÄ	34	76,6	120,8	91,0	7,3	0,87	4,29
H	Hellvus	EÄ	40	78,4	119,1	90,7	9,2	0,93	5,43
H	Minello	KD	42	78,0	104,5	92,5	4,6	0,98	2,49
H	Palazzo	KD	35	81,3	107,6	96,0	7,0	0,85	3,69
H	Picasso	KD	37	72,3	104,5	93,5	5,9	0,88	3,66
H	Pollino	EÄ	23	71,7	101,1	90,6	5,4	0,84	4,05
H	Rasant	EÄ	34	74,8	104,3	93,1	6,6	0,88	4,36
H	Visello	BD	63	77,7	106,1	93,7	6,1	0,93	4,53
P	Amilo	KD	10	58,9	86,8	75,8	9,0	0,92	9,49
P	Boresto	EÄ	33	63,2	91,4	82,0	7,4	1,08	3,72
P	Conduct	EÄ	64	66,3	90,6	80,0	8,1	0,90	5,03
P	Dankowskie Diament	EÄ	28	68,7	90,0	79,3	8,3	0,92	4,18
P	Dukato	BD	44	68,0	91,2	80,5	7,5	0,99	4,46
P	Matador	BD	34	64,6	92,7	83,0	6,3	0,96	3,69
P	Recrut	BD	38	63,4	91,4	81,4	7,4	0,92	6,16
S	Cantor	BD	33	71,5	93,0	81,9	9,0	0,91	6,55
S	Caroass	BD	35	66,4	95,5	85,7	7,3	0,95	5,44
S	Carotrumpf	KD	16	64,3	93,7	83,1	7,5	0,93	5,8
S	Kapitän	BD	42	72,1	95,7	85,1	6,9	0,97	3,77

Quelle: LELF (2012 a) sowie eigene Berechnungen

Tabelle A 12: Datengrundlage für das Merkmal Bestandesdichte von Winterroggen (Landessortenversuche Brandenburg, 2003 bis 2011)

Sortentyp	Sortenname	Ertragsstrukturtyp	Anzahl Umwelten	Sortenmittelwert [Ähren m^{-2}]	Bestandesdichte relativ [%]	Floating Checks [%]	Ökovalenz [%]	Reaktionsparameter b	Stabilitätsparameter s
H	Amato	EÄ	17	523	95,5	86,9	11,7	0,57	54,74
H	Askari	KD	54	517	102,1	85,9	11,5	0,99	60,69
H	Avanti	KD	17	498	102,8	82,7	12,8	1,16	51,58
H	Balistic	BD	9	608	107,0	99,1	9,1	1,11	53,61
H	Bellami	BD	18	554	110,3	92,0	13,3	1,30	74,66
H	Brasetto	KD	11	528	107,8	87,7	8,8	0,91	50,80
H	Evolo	BD	9	595	104,7	98,9	9,9	1,02	55,60
H	Fernando	KD	17	479	99,0	79,6	8,7	1,05	49,06
H	Fugato	KD	21	526	98,6	87,4	10,6	0,92	57,23
H	Guttino	KD	14	522	103,0	86,7	14,6	1,09	81,66
H	Helltop	EÄ	14	438	86,5	72,8	13,6	0,89	63,41
H	Hellvus	EÄ	27	425	85,9	70,7	10,3	1,02	45,47
H	Minello	KD	18	572	113,9	95,0	9,0	1,13	53,35
H	Palazzo	KD	14	503	99,2	83,5	12,7	0,95	68,87
H	Picasso	KD	32	515	100,8	85,5	7,3	0,87	47,23
H	Pollino	EÄ	6	532	103,0	88,4	9,2	0,95	62,04
H	Rasant	EÄ	29	493	94,8	81,9	8,9	1,02	53,58
H	Visello	BD	38	570	109,9	94,8	10,9	0,91	63,74
P	Amilo	KD	8	460	94,2	76,4	10,1	1,29	58,33
P	Boresto	EÄ	13	476	97,7	79,1	14,5	0,93	72,90
P	Conduct	EÄ	38	491	94,7	81,6	10,9	0,70	49,51
P	Dankowskie Diament	EÄ	20	456	92,0	75,8	11,1	0,80	46,99
P	Dukato	BD	20	473	94,4	78,7	9,2	0,86	44,50
P	Matador	BD	15	466	95,1	77,4	9,1	0,99	44,28
P	Recrut	BD	32	504	98,2	83,7	12,1	1,01	60,00
S	Cantor	BD	20	509	101,5	84,5	11,5	0,92	61,59
S	Caroass	BD	30	541	105,3	89,9	9,6	1,09	58,54
S	Carotrumpf	KD	13	585	103,1	97,2	7,4	1,01	59,12
S	Kapitän	BD	20	511	101,9	84,9	10,9	1,10	58,10

Quelle: LELF (2012 a) sowie eigene Berechnungen

Tabelle A 13: Datengrundlage für das Merkmal Kornzahl je Ähre von Winterroggen (Landessortenversuche Brandenburg, 2003 bis 2011)

Sortentyp	Sortenname	Ertragsstrukturtyp	Anzahl Umwelten	Sortenmittelwert [Körner Ähre^{-1}]	Kornzahl relativ [%]	Floating Checks [%]	Ökovalenz [%]	Reaktionsparameter b	Stabilitätsparameter s
H	Amato	EÄ	14	50,5	110,0	86,1	15,5	0,78	8,53
H	Askari	KD	47	49,8	105,6	85,0	15,1	1,15	7,65
H	Avanti	KD	14	44,8	102,1	76,4	15,2	1,02	6,63
H	Balistic	BD	7	44,2	96,2	75,3	8,3	1,19	5,79
H	Bellami	BD	16	45,3	95,7	77,2	15,5	1,39	7,01
H	Brasetto	KD	10	46,5	103,8	79,3	8,8	0,91	4,56
H	Evolo	BD	8	46,0	100,6	78,4	6,6	0,92	3,94
H	Fernando	KD	14	45,0	102,4	76,7	9,7	1,09	4,21
H	Fugato	KD	19	48,5	103,2	82,7	11,1	0,91	5,00
H	Guttino	KD	12	48,5	106,6	82,6	15,4	0,85	8,11
H	Helltop	EÄ	12	49,0	107,8	83,6	16,0	0,58	8,19
H	Hellvus	EÄ	25	50,0	103,7	85,3	13,5	1,16	6,98
H	Minello	KD	16	47,3	99,9	80,6	7,2	0,98	3,64
H	Palazzo	KD	12	50,0	109,9	85,2	11,7	1,38	6,00
H	Picasso	KD	27	46,6	101,9	79,4	9,0	1,16	5,12
H	Pollino	EÄ	6	42,8	93,9	73,0	11,6	1,22	6,52
H	Rasant	EÄ	24	49,2	104,6	83,9	9,9	1,24	5,34
H	Visello	BD	34	46,1	96,7	78,6	13,8	0,62	6,11
P	Amilo	KD	6	41,2	90,4	70,3	9,3	1,03	4,66
P	Boresto	EÄ	10	40,7	92,2	69,4	17,0	0,72	5,91
P	Conduct	EÄ	34	44,8	94,1	76,4	11,1	1,15	5,04
P	Dankowskie Diament	EÄ	18	47,8	97,2	81,5	14,0	1,38	5,86
P	Dukato	BD	18	45,8	96,5	78,1	9,1	0,73	4,06
P	Matador	BD	12	43,1	97,0	73,5	12,8	0,88	4,86
P	Recrut	BD	26	43,1	93,0	73,5	13,0	0,68	5,26
S	Cantor	BD	18	46,1	97,1	78,6	16,8	1,08	8,17
S	Caroass	BD	25	43,9	94,6	74,8	12,5	0,92	6,51
S	Carotrumpf	KD	12	45,1	99,1	76,9	8,8	1,00	6,82
S	Kapitän	BD	18	47,7	100,5	81,3	13,4	1,10	6,75

Quelle: LELF (2012 a) sowie eigene Berechnungen

Tabelle A 14: Datengrundlage für das Merkmal Tausendkornmasse von Winterroggen (Landessortenversuche Brandenburg, 2003 bis 2011)

Sortentyp	Sortenname	Ertragsstrukturtyp	Anzahl Umwelten	Sortenmittelwert [g]	Tausendkornmasse relativ [%]	Floating Checks [%]	Ökovalenz [%]	Stabilitätsparameter s	Reaktionsparameter b
H	Amato	EÄ	16	30,5	100,8	82,5	5,9	1,83	1,11
H	Askari	KD	50	31,3	95,2	84,6	4,6	1,45	1,04
H	Avanti	KD	15	33,8	100,1	91,4	4,5	1,70	1,03
H	Balistic	BD	7	31,7	107,3	85,7	3,6	1,52	0,80
H	Bellami	BD	17	35,8	100,9	96,7	2,2	0,83	1,02
H	Brasetto	KD	11	36,1	98,4	97,6	2,7	1,07	1,02
H	Evolo	BD	8	28,4	99,7	76,7	4,0	1,10	0,96
H	Fernando	KD	15	34,3	101,5	92,6	3,0	1,18	0,94
H	Fugato	KD	19	30,0	98,1	81,0	3,9	1,10	1,03
H	Guttino	KD	13	35,8	98,0	96,7	3,1	1,20	1,03
H	Helltop	EÄ	13	39,4	108,0	99,6	4,9	2,08	0,95
H	Hellvus	EÄ	27	39,0	115,3	98,4	5,1	2,04	0,96
H	Minello	KD	17	33,1	93,3	89,4	3,7	1,26	0,94
H	Palazzo	KD	13	37,0	101,2	99,9	3,3	1,21	1,13
H	Picasso	KD	28	32,3	100,8	87,2	4,4	1,36	1,05
H	Pollino	EÄ	6	33,7	105,5	91,0	5,6	2,74	0,84
H	Rasant	EÄ	24	33,5	105,5	90,4	4,1	1,51	1,01
H	Visello	BD	36	31,7	97,8	85,6	4,8	1,57	1,01
P	Amilo	KD	6	29,5	98,1	79,7	4,8	1,80	1,00
P	Boresto	EÄ	11	35,3	102,4	95,3	4,2	1,77	1,14
P	Conduct	EÄ	36	33,2	102,7	89,8	5,3	1,80	1,05
P	Dankowskie Diament	EÄ	19	33,1	100,1	89,4	3,4	1,39	1,02
P	Dukato	BD	19	34,9	99,7	94,3	3,0	1,05	0,94
P	Matador	BD	13	33,6	98,3	90,7	4,3	1,25	0,95
P	Recrut	BD	27	32,3	100,7	87,2	5,3	1,58	1,03
S	Cantor	BD	19	32,9	94,0	88,9	4,8	1,50	0,85
S	Caroass	BD	26	31,0	96,6	83,8	5,7	1,91	0,95
S	Carotrumpf	KD	12	27,2	90,9	73,4	4,0	1,50	0,96
S	Kapitän	BD	19	33,1	94,7	89,6	5,3	1,61	0,81

Quelle: LELF (2012 a) sowie eigene Berechnungen

Tabelle A 15: Datengrundlage (Teil A) für das Merkmal Kornertrag von Winterweizen (Landessortenversuche Brandenburg, 2003 bis 2011)

Qualitätsgruppe	Sortenname	Ertragsstrukturtyp	Anzahl Umwelten	Sortenmittelwert [dt ha^{-1}]	Kornertrag relativ [%]	Floating Checks [%]	Ökovalenz [%]	Stabilitätsparameter s	Reaktionsparameter b
A	Akratos	KP	57	73,5	102,2	92,3	6,3	4,70	1,00
A	Batis	EÄ	19	65,6	98,4	87,2	4,1	4,11	0,93
A	Boomer	KP	20	64,0	102,1	90,8	3,4	2,33	1,01
A	Brilliant	KD	56	73,5	99,9	90,6	5,2	3,62	0,93
A	Chevalier	BD	43	75,4	100,2	91,2	6,0	4,48	0,94
A	Cubus	KD	63	71,8	101,2	91,1	5,4	3,86	1,04
A	Discus	KP	41	75,2	99,5	90,6	5,2	3,60	0,92
A	Ellvis	KD	23	63,3	99,7	87,9	5,9	4,33	0,98
A	Format	BD	13	72,2	97,0	87,7	5,0	3,59	0,89
A	Gaston	BD	13	73,9	96,8	85,4	6,1	4,85	0,92
A	Gecko	KP	13	75,4	101,3	91,6	6,2	5,47	0,94
A	Impression	BD	24	64,7	99,5	88,6	5,0	3,67	1,00
A	JB Asano	EÄ	33	82,1	103,6	94,8	4,2	3,45	1,04
A	Jenga	BD	19	78,2	100,4	90,8	5,4	4,31	0,96
A	Kometus	KD	10	68,7	99,9	91,2	5,4	4,06	0,97
A	KWS Pius	EÄ	11	66,5	100,8	91,8	4,2	3,09	1,00
A	Lahertis	KP	10	59,8	97,6	84,4	4,5	2,64	1,06
A	Leiffer	k.A.	20	65,2	99,2	88,7	3,6	2,38	1,03
A	Levendis	BD	15	64,5	96,7	84,8	6,1	3,54	1,09
A	Linus	KP	10	70,2	102,1	93,2	2,5	1,60	1,05
A	Ludwig	EÄ	34	63,2	97,9	87,3	6,8	4,31	0,97
A	Meister	KP	19	78,1	102,6	93,8	3,6	2,87	1,04
A	Meteor	k.A.	12	65,7	97,8	88,1	3,9	2,82	0,98
A	Nirvana	BD	24	65,8	97,3	86,7	5,6	3,80	1,00
A	Pamier	KD	17	85,5	96,8	88,7	4,0	3,70	1,00
A	Paroli	KP	13	67,3	98,6	86,2	6,2	4,35	0,99
A	Pegassos	BD	33	64,3	98,2	87,7	5,0	2,98	0,92
A	Potenzial	BD	48	77,4	102,9	93,7	5,5	4,30	0,97
A	Retro	BD	10	71,0	97,2	87,4	5,7	4,23	1,06
A	Schamane	KP	20	63,7	97,0	86,6	5,3	3,55	1,10
A	Sobi	KP	10	59,4	96,9	83,7	3,8	2,69	1,12
A	SW Tataros	k.A.	13	76,4	100,1	88,3	7,9	4,26	1,21
A	Tiger	EÄ	13	62,1	95,3	85,3	8,2	5,44	0,99
A	Tommi	EÄ	52	67,3	98,1	88,0	5,9	3,85	1,06
A	Toras	KP	41	70,4	97,8	88,1	8,3	5,49	0,88
A	Türkis	EÄ	63	73,0	97,0	87,8	6,0	4,42	1,00

Quelle: LELF (2012 a) sowie eigene Berechnungen

Tabelle A 16: Datengrundlage (Teil B) für das Merkmal Kornertrag von Winterweizen (Landessortenversuche Brandenburg, 2003 bis 2011)

Qualitätsgruppe	Sortenname	Ertragsstrukturtyp	Anzahl Umwelten	Sortenmittelwert [dt ha^{-1}]	Kornertrag relativ [%]	Floating Checks [%]	Ökovalenz [%]	Stabilitätsparameter s	Reaktionsparameter b
B	Anthus	BD	20	61,5	98,0	87,2	3,9	2,82	0,99
B	Buteo	EÄ	13	69,6	101,9	89,1	5,8	4,04	0,99
B	Dekan	KD	13	66,0	101,3	90,7	5,7	3,47	1,03
B	Drifter	KP	23	61,5	96,9	85,4	8,4	5,05	1,02
B	Ephoros	KP	27	72,4	103,0	91,8	4,8	3,57	1,02
B	Hybred	KD	19	71,3	106,4	93,6	6,6	4,89	0,96
B	Julius	BD	33	80,3	101,3	92,7	5,7	4,34	1,09
B	Kredo	KD	25	78,6	102,4	93,5	4,1	3,09	1,07
B	Mulan	BD	32	73,0	100,9	91,1	6,5	4,79	0,99
B	Premio	EÄ	17	73,2	96,9	88,6	6,9	5,28	0,96
B	Solitär	KD	13	66,0	96,6	84,5	4,8	3,41	1,00
B	Terrier	KD	13	66,4	101,9	91,2	6,0	3,56	1,09
C	Biscay	KD	10	59,8	104,5	93,3	5,1	3,69	1,03
C	Hermann	KD	48	74,2	102,1	91,8	4,6	3,47	0,98
C	Skalmeje	BD	13	68,1	102,0	91,6	6,7	4,49	0,96
C	Tabasco	KP	15	87,4	105,5	95,9	5,5	5,05	1,01

Quelle: LELF (2012 a) sowie eigene Berechnungen

Tabelle A 17: Datengrundlage (Teil A) für das Merkmal Bestandesdichte von Winterweizen (Landessortenversuche Brandenburg, 2003 bis 2011)

Qualitätsgruppe	Sortenname	Ertragsstrukturtyp	Anzahl Umwelten	Sortenmittelwert [Ähren m^{-2}]	Bestandesdichte relativ [%]	Floating Checks [%]	Ökovalenz [%]	Stabilitätsparameter s	Reaktionsparameter b
A	Akratos	KP	44	478	99,5	81,8	9,4	45,80	1,06
A	Batis	EÄ	11	501	105,9	82,7	14,4	72,09	0,69
A	Boomer	KP	16	523	106,4	93,7	8,5	34,32	1,40
A	Brilliant	KD	43	465	97,5	79,3	10,8	50,21	0,91
A	Chevalier	BD	33	510	108,1	88,6	8,8	45,74	1,08
A	Cubus	KD	49	486	100,4	82,7	8,9	44,02	1,01
A	Discus	KP	29	478	102,6	81,9	10,5	50,38	1,15
A	Ellvis	KD	14	512	110,0	84,0	16,6	66,73	1,56
A	Format	BD	13	448	97,1	75,7	9,7	48,70	0,90
A	Gaston	BD	8	513	102,6	84,0	6,3	38,43	0,89
A	Gecko	KP	13	460	99,9	77,8	6,0	33,90	1,00
A	Impression	BD	20	546	109,4	94,6	10,6	49,30	1,37
A	JB Asano	EÄ	23	454	98,2	77,9	10,3	49,06	0,93
A	Jenga	BD	16	505	108,5	86,3	11,2	60,21	1,26
A	Kometus	KD	8	437	101,2	73,5	10,6	42,42	1,39
A	KWS Pius	EÄ	8	404	93,4	67,8	6,1	40,07	1,16
A	Lahertis	KP	7	488	102,2	80,3	6,9	44,61	1,30
A	Leiffer	k.A.	17	469	94,3	80,0	9,1	48,47	0,97
A	Levendis	BD	8	479	102,2	79,0	11,7	52,61	1,39
A	Linus	KP	8	408	94,4	68,5	9,2	39,06	1,40
A	Ludwig	EÄ	25	461	93,5	78,5	9,5	40,88	0,72
A	Meister	KP	13	422	90,5	72,6	8,7	48,77	1,03
A	Meteor	k.A.	10	493	97,9	88,0	7,0	48,97	0,97
A	Nirvana	BD	19	545	108,3	94,0	10,4	63,98	1,24
A	Pamier	KD	11	438	95,6	75,5	11,8	57,32	1,12
A	Paroli	KP	8	465	99,3	76,7	14,8	61,09	0,64
A	Pegassos	BD	25	502	101,8	85,5	9,7	49,76	0,88
A	Potenzial	BD	36	519	109,4	89,6	10,7	55,73	0,95
A	Retro	BD	10	441	98,1	75,6	11,8	65,98	1,19
A	Schamane	KP	17	486	97,7	82,9	8,1	53,12	0,92
A	Sobi	KP	7	455	95,1	74,7	10,3	63,60	1,01
A	SW Tataros	k.A.	8	478	95,5	78,2	7,8	51,90	1,04
A	Tiger	EÄ	7	414	91,5	67,9	9,3	57,83	0,91
A	Tommi	EÄ	40	431	89,3	73,2	10,8	47,49	1,02
A	Toras	KP	32	490	100,8	83,8	9,0	46,06	1,07

Quelle: LELF (2012 a) sowie eigene Berechnungen

Tabelle A 18: Datengrundlage (Teil B) für das Merkmal Bestandesdichte von Winterweizen (Landessortenversuche Brandenburg, 2003 bis 2011)

Qualitätsgruppe	Sortenname	Ertragsstrukturtyp	Anzahl Umwelten	Sortenmittelwert [Ähren m^{-2}]	Bestandesdichte relativ [%]	Floating Checks [%]	Ökovalenz [%]	Stabilitätsparameter s	Reaktionsparameter b
A	Türkis	EÄ	46	428	89,3	73,2	9,0	38,62	0,96
B	Anthus	BD	16	512	104,2	91,8	11,7	63,25	1,09
B	Buteo	EÄ	8	456	97,2	75,1	11,8	50,61	0,83
B	Dekan	KD	7	419	92,6	68,7	16,2	74,54	0,99
B	Drifter	KP	14	474	101,9	77,8	15,0	75,97	1,11
B	Ephoros	KP	20	511	102,5	88,0	10,1	52,71	0,83
B	Hybred	KD	11	463	95,8	75,4	13,8	62,70	0,72
B	Julius	BD	23	492	106,4	84,4	10,3	53,33	0,80
B	Kredo	KD	19	454	99,9	77,3	9,3	44,21	0,89
B	Mulan	BD	23	486	101,4	84,1	8,3	41,38	0,91
B	Premio	EÄ	12	466	100,1	79,9	5,8	28,32	0,77
B	Solitär	KD	8	441	94,2	72,7	11,0	47,94	1,12
B	Terrier	KD	7	402	88,7	65,8	7,9	35,10	0,97
C	Biscay	KD	6	489	106,1	79,6	8,6	61,37	1,07
C	Hermann	KD	33	500	103,4	85,5	10,5	54,27	1,09
C	Skalmeje	BD	10	514	101,9	96,6	9,3	49,33	1,08
C	Tabasco	KP	10	456	99,9	78,2	10,4	49,71	0,77

Quelle: LELF (2012 a) sowie eigene Berechnungen

Tabelle A 19: Datengrundlage (Teil A) für das Merkmal Kornzahl je Ähre von Winterweizen (Landessortenversuche Brandenburg, 2003 bis 2011)

Qualitätsgruppe	Sortenname	Ertragsstrukturtyp	Anzahl Umwelten	Sortenmittelwert Körner Ähre^{-1}	Kornzahl relativ [%]	Floating Checks [%]	Ökovalenz [%]	Stabilitätsparameter s	Reaktionsparameter b
A	Akratos	KP	33	34,6	94,5	75,5	11,3	4,02	1,01
A	Batis	EÄ	10	28,3	84,9	65,8	14,4	4,25	1,21
A	Boomer	KP	13	33,9	99,2	75,9	16,5	5,10	1,30
A	Brilliant	KD	31	41,8	113,5	90,3	8,4	3,59	1,11
A	Chevalier	BD	21	37,0	98,3	79,0	9,0	3,42	0,87
A	Cubus	KD	36	38,0	104,9	83,5	9,7	3,81	1,03
A	Discus	KP	19	36,9	97,5	78,7	10,1	3,92	0,94
A	Ellvis	KD	13	34,0	100,9	77,2	9,5	3,68	0,87
A	Format	BD	10	36,1	92,8	74,1	9,9	3,93	0,85
A	Gaston	BD	7	33,6	100,0	80,8	7,1	2,68	0,82
A	Gecko	KP	10	39,0	100,3	80,1	7,4	3,08	0,75
A	Impression	BD	17	31,4	90,8	70,4	12,6	4,03	0,98
A	JB Asano	EÄ	14	35,6	92,0	75,0	11,5	4,43	1,04
A	Jenga	BD	12	38,2	101,3	80,1	12,9	4,89	1,11
A	Kometus	KD	2	33,5	86,9	70,5	-	-.	-
A	KWS Pius	EÄ	2	42,5	110,3	89,5	-	-	-
A	Lahertis	KP	7	33,6	96,3	76,0	6,5	3,18	1,07
A	Leiffer	k.A.	14	35,4	102,2	78,8	11,6	4,16	0,90
A	Levendis	BD	8	33,2	94,7	74,7	10,5	3,69	1,12
A	Linus	KP	2	42,0	109,0	88,4	-	-	-
A	Ludwig	EÄ	21	31,4	92,6	71,1	10,1	3,43	1,14
A	Meister	KP	7	40,5	106,5	89,3	12,4	5,90	1,17
A	Meteor	k.A.	7	36,8	111,2	83,6	6,6	3,81	1,22
A	Nirvana	BD	16	34,2	98,6	77,0	13,1	5,06	1,18
A	Pamier	KD	7	40,1	101,9	81,0	9,2	4,87	0,78
A	Paroli	KP	8	31,9	91,0	71,8	13,4	5,49	1,03
A	Pegassos	BD	21	29,5	86,9	66,7	9,2	3,97	1,22
A	Potenzial	BD	24	36,3	98,2	78,3	11,6	4,38	1,02
A	Retro	BD	6	35,5	95,3	73,5	13,7	5,15	0,57
A	Schamane	KP	14	33,3	96,0	74,0	10,8	4,31	0,92
A	Sobi	KP	7	33,2	95,1	75,0	9,6	3,96	0,72
A	SW Tataros	k.A.	7	35,2	104,8	84,7	9,4	4,54	0,66
A	Tiger	EÄ	6	29,1	90,0	66,3	7,0	3,56	0,87
A	Tommi	EÄ	32	39,4	110,9	86,4	11,2	4,94	1,03
A	Toras	KP	26	35,1	96,8	76,3	9,2	3,66	0,95
A	Türkis	EÄ	34	40,3	110,1	87,9	9,5	3,86	1,17

Quelle: LELF (2012 a) sowie eigene Berechnungen

Tabelle A 20: Datengrundlage (Teil B) für das Merkmal Kornzahl je Ähre von Winterweizen (Landessortenversuche Brandenburg, 2003 bis 2011)

Qualitätsgruppe	Sortenname	Ertragsstrukturtyp	Anzahl Umwelten	Sortenmittelwert Körner Ähre^{-1}]	Kornzahl relativ [%]	Floating Checks [%]	Ökovalenz [%]	Stabilitätsparameter s	Reaktionsparamter b
B	Anthus	BD	13	32,6	95,4	73,0	14,3	4,96	1,25
B	Buteo	EÄ	8	34,7	99,1	78,2	9,6	3,73	1,35
B	Dekan	KD	6	40,4	124,9	91,9	16,0	6,45	1,02
B	Drifter	KP	13	30,8	91,2	69,8	15,0	5,13	1,21
B	Ephoros	KP	17	31,7	91,2	71,3	10,9	4,08	1,35
B	Hybred	KD	10	37,6	110,7	86,8	13,2	4,65	0,93
B	Julius	BD	14	34,1	88,1	71,9	10,7	3,80	0,76
B	Kredo	KD	11	41,9	108,0	88,1	7,9	3,64	1,10
B	Mulan	BD	17	34,4	94,3	73,6	10,7	3,75	0,75
B	Premio	EÄ	7	34,1	89,5	75,0	10,9	3,15	0,43
B	Solitär	KD	8	40,4	115,4	91,0	11,4	6,59	0,81
B	Terrier	KD	6	37,2	115,1	84,8	8,1	6,25	0,66
C	Biscay	KD	5	33,1	104,7	75,9	13,8	6,90	1,13
C	Hermann	KD	27	36,1	99,4	78,4	11,8	4,34	1,20
C	Skalmeje	BD	7	39,3	115,3	89,3	13,3	4,95	0,24
C	Tabasco	KP	7	46,0	117,1	93,1	8,7	7,03	1,01

Quelle: LELF (2012 a) sowie eigene Berechnungen

Tabelle A 21: Datengrundlage (Teil A) für das Merkmal Tausendkornmasse von Winterweizen (Landessortenversuche Brandenburg, 2003 bis 2011)

Qualitätsgruppe	Sortenname	Ertragsstrukturtyp	Anzahl Umwelten	Sortenmittelwert [g]	TKM relativ [%]	Floating Checks [%]	Ökovalenz [%]	Stabilitätsparameter s	Reaktionsparameter b
A	Akratos	KP	33	44,2	106,5	91,5	4,8	1,96	1,17
A	Batis	EÄ	11	47,0	107,5	94,3	6,3	2,29	1,20
A	Boomer	KP	13	38,2	97,3	83,8	5,0	2,39	1,26
A	Brilliant	KD	32	38,1	90,9	78,0	5,2	1,73	0,82
A	Chevalier	BD	21	41,0	95,3	81,9	4,9	1,91	0,85
A	Cubus	KD	37	41,4	96,9	83,7	4,7	1,99	0,97
A	Discus	KP	20	42,6	97,2	83,5	3,2	1,43	0,99
A	Ellvis	KD	14	37,5	89,4	78,3	3,8	2,08	1,06
A	Format	BD	10	44,8	102,2	87,5	6,9	2,61	0,69
A	Gaston	BD	8	43,9	94,6	83,2	3,2	2,10	1,00
A	Gecko	KP	10	45,4	103,5	88,7	3,2	2,27	0,94
A	Impression	BD	17	39,9	101,0	87,0	3,5	1,66	0,91
A	JB Asano	EÄ	15	53,3	117,2	99,7	5,0	2,71	1,17
A	Jenga	BD	12	39,9	91,6	78,5	4,1	4,89	1,37
A	Kometus	KD	3	45,2	98,1	86,1	-	-	-
A	KWS Pius	EÄ	3	44,8	97,2	85,3	-	-	-
A	Lahertis	KP	7	37,5	98,7	85,1	3,0	3,57	1,34
A	Leiffer	k.A.	14	40,1	102,2	87,8	4,0	3,02	1,26
A	Levendis	BD	8	39,8	97,8	85,1	5,8	3,62	1,32
A	Linus	KP	3	45,8	99,5	87,3	-	-	-
A	Ludwig	EÄ	22	45,0	110,9	96,2	5,0	3,21	1,02
A	Meister	KP	8	48,7	110,3	95,0	3,1	1,61	0,92
A	Meteor	k.A.	7	36,5	90,8	77,9	3,2	3,08	1,47
A	Nirvana	BD	16	37,1	94,1	81,0	5,0	3,01	1,22
A	Pamier	KD	8	46,0	96,3	81,4	3,2	2,16	1,12
A	Paroli	KP	8	42,3	104,1	90,6	4,7	2,34	0,99
A	Pegassos	BD	22	44,9	110,6	96,0	5,2	2,86	0,96
A	Potenzial	BD	25	40,3	93,9	80,6	4,5	1,80	0,91
A	Retro	BD	6	48,8	105,1	88,4	6,2	4,01	0,71
A	Schamane	KP	14	40,1	102,1	87,7	3,8	2,43	0,85
A	Sobi	KP	7	39,7	104,7	90,2	6,2	3,42	0,90
A	SW Tataros	k.A.	8	45,8	98,6	86,7	1,9	2,56	0,98
A	Tiger	EÄ	7	50,4	109,6	97,2	4,9	3,97	0,97
A	Tommi	EÄ	33	40,9	97,0	84,0	4,7	2,03	0,96
A	Toras	KP	26	40,7	98,9	85,0	6,4	2,49	0,81
A	Türkis	EÄ	35	41,7	98,5	84,8	4,9	2,03	1,08

Quelle: LELF (2012 a) sowie eigene Berechnungen

Tabelle A 22: Datengrundlage (Teil B) für das Merkmal Tausendkornmasse von Winterweizen (Landessortenversuche Brandenburg, 2003 bis 2011)

Qualitätsgruppe	Sortenname	Ertragsstrukturtyp	Anzahl Umwelten	Sortenmittelwert [g]	TKM relativ [%]	Floating Checks [%]	Ökovalenz [%]	Stabilitätsparameter s	Reaktionsparameter b
B	Anthus	BD	13	39,1	99,5	85,8	3,5	1,77	1,01
B	Buteo	EÄ	8	42,9	105,7	91,9	3,8	2,25	0,90
B	Dekan	KD	7	42,0	91,5	81,2	3,5	3,41	0,98
B	Drifter	KP	14	43,3	103,1	90,3	5,5	2,37	1,09
B	Ephoros	KP	17	43,6	107,5	92,9	3,4	2,26	1,00
B	Hybred	KD	11	42,0	96,6	84,7	4,1	2,73	1,02
B	Julius	BD	15	48,4	106,4	90,5	7,3	3,28	1,33
B	Kredo	KD	12	44,1	96,7	82,3	4,4	2,08	1,06
B	Mulan	BD	17	44,0	103,8	88,9	3,8	2,14	0,86
B	Premio	EÄ	8	46,3	104,9	90,3	5,7	3,03	1,05
B	Solitär	KD	8	36,6	90,0	78,3	5,3	3,32	1,03
B	Terrier	KD	7	46,0	100,0	88,7	4,8	2,71	1,00
C	Biscay	KD	6	43,5	99,4	87,8	5,1	1,80	1,23
C	Hermann	KD	27	41,8	100,0	86,1	4,6	1,92	0,98
C	Skalmeje	BD	7	36,5	88,8	77,2	7,7	2,98	1,44
C	Tabasco	KP	7	44,1	93,7	78,8	3,7	2,73	1,08

Quelle: LELF (2012 a) sowie eigene Berechnungen

Tabelle A 23: Datengrundlage (Teil A) für das Merkmal Rohproteingehalt von Winterweizen (Landessortenversuche Brandenburg, 2003 bis 2011)

Qualitätsgruppe	Sortenname	Anzahl Umwelten	Sortenmittelwert [%]	Rohproteingehalt relativ [%]	Floating Checks [%]	Ökovalenz [%]	Stabilitätsparameter s	Reaktionsparameter b
A	Akratos	22	13,3	96,0	88,4	3,2	0,35	0,76
A	Batis	10	13,7	96,6	87,3	4,7	0,54	0,54
A	Boomer	9	13,6	98,4	89,6	3,2	0,37	0,79
A	Brilliant	20	13,7	99,1	91,4	3,6	0,49	0,86
A	Chevalier	15	13,5	99,3	91,8	2,9	0,40	0,84
A	Cubus	26	13,7	99,0	90,6	3,6	0,50	0,91
A	Discus	14	14,1	102,7	95,2	2,7	0,40	0,92
A	Ellvis	13	14,5	101,5	91,9	4,0	0,61	1,15
A	Format	5	13,8	104,7	96,2	4,7	0,82	1,13
A	Gaston	7	13,8	97,6	87,8	2,1	0,27	0,74
A	Gecko	5	12,9	97,9	90,0	7,0	1,00	1,48
A	Impression	11	13,8	99,9	91,2	2,4	0,36	0,97
A	JB Asano	11	13,6	100,7	94,1	2,5	0,34	1,16
A	Jenga	7	13,3	98,2	89,7	2,5	0,32	0,82
A	Kometus	7	14,6	104,9	98,7	2,4	0,41	1,15
A	KWS Pius	7	13,6	98,0	92,2	2,3	0,37	0,95
A	Lahertis	7	14,5	100,7	91,7	2,3	0,39	1,01
A	Leiffer	8	14,2	100,9	91,8	3,3	0,50	1,14
A	Levendis	9	14,9	104,6	95,3	2,7	0,43	1,13
A	Linus	7	13,9	100,1	94,1	2,0	0,33	1,14
A	Ludwig	15	15,2	106,8	96,5	4,4	0,70	0,86
A	Meister	7	14,3	103,0	96,9	2,1	0,35	1,07
A	Meteor	5	14,9	103,8	94,1	2,8	0,36	1,23
A	Nirvana	10	14,1	99,4	90,2	2,9	0,44	0,91
A	Paroli	8	14,5	100,5	91,6	1,6	0,26	1,04
A	Pegassos	14	14,0	97,7	88,2	3,8	0,48	0,74
A	Potenzial	17	13,4	96,9	89,5	2,5	0,34	0,91
A	Schamane	8	15,0	106,0	96,4	4,2	0,66	1,20
A	Sobi	7	14,9	102,9	93,8	2,2	0,38	1,05
A	SW Tataros	7	13,7	96,4	86,8	4,9	0,57	0,30
A	Tiger	6	15,6	109,7	98,6	2,1	0,41	1,05
A	Tommi	21	14,2	101,5	92,1	2,8	0,41	0,98
A	Toras	15	14,3	103,4	94,2	4,5	0,69	0,93
A	Türkis	23	14,3	102,8	94,5	3,0	0,44	0,90
B	Anthus	9	13,4	97,0	88,3	2,5	0,37	1,02

Quelle: LELF (2012 a) sowie eigene Berechnungen

Tabelle A 24: Datengrundlage (Teil B) für das Merkmal Rohproteingehalt von Winterweizen (Landessortenversuche Brandenburg, 2003 bis 2011)

Qualitätsgruppe	Sortenname	Anzahl Umwelten	Sortenmittelwert [%]	Rohproteingehalt relativ [%]	Floating Checks [%]	Ökovalenz [%]	Stabilitätsparameter s	Reaktionsparameter b
B	Buteo	8	13,8	96,3	87,7	2,9	0,43	1,14
B	Dekan	6	13,7	96,7	86,9	3,0	0,50	1,08
B	Drifter	13	14,9	104,2	94,4	3,9	0,59	1,18
B	Ephoros	11	13,5	94,9	86,1	2,3	0,32	0,88
B	Hybred	10	14,1	97,9	88,5	3,5	0,42	1,33
B	Julius	11	13,6	100,5	93,9	5,6	0,69	1,54
B	Kredo	9	13,2	96,2	89,9	2,6	0,37	0,82
B	Mulan	10	13,3	96,3	87,9	3,4	0,36	0,76
B	Premio	7	14,1	101,8	95,7	2,3	0,36	0,77
B	Solitär	8	15,4	106,9	97,4	4,0	0,63	1,26
B	Terrier	6	14,2	99,7	89,7	3,3	0,55	1,12
C	Biscay	5	13,5	94,5	84,7	6,7	0,80	1,63
C	Hermann	16	13,1	94,5	86,1	3,0	0,41	1,06
C	Skalmeje	6	12,8	95,7	87,0	1,4	0,22	0,98

Quelle: LELF (2012 a) sowie eigene Berechnungen

Tabelle A 25: Datengrundlage (Teil A) für das Merkmal Rohproteinertrag von Winterweizen (Landessortenversuche Brandenburg, 2003 bis 2011)

Qualitätsgruppe	Sortenname	Anzahl Umwelten	Sortenmittelwert [dt ha^{-1}]	Rohproteinertrag relativ [%]	Floating Checks [%]	Ökovalenz [%]	Stabilitätsparameter s	Reaktionsparameter b
A	Akratos	22	8,5	97,5	86,7	7,4	0,64	1,07
A	Batis	10	9,3	96,5	84,4	4,7	0,45	1,08
A	Boomer	9	8,3	99,7	88,5	5,0	0,47	1,02
A	Brilliant	20	8,7	102,6	91,4	4,3	0,39	1,03
A	Chevalier	15	8,8	101,7	90,8	4,2	0,40	1,00
A	Cubus	26	9,1	100,8	89,1	5,9	0,54	1,05
A	Discus	14	9,2	105,1	93,7	5,4	0,51	1,09
A	Ellvis	13	9,2	100,8	88,3	6,4	0,61	1,08
A	Format	5	9,2	100,3	89,3	5,9	0,54	0,65
A	Gaston	7	9,9	95,5	83,8	4,7	0,53	0,94
A	Gecko	5	9,2	100,2	89,1	11,3	0,92	0,23
A	Impression	11	8,3	100,0	88,6	5,6	0,48	1,12
A	JB Asano	11	8,9	102,4	91,8	2,2	0,22	0,99
A	Jenga	7	9,0	98,2	87,2	6,2	0,67	0,97
A	Kometus	7	8,7	105,4	94,2	8,7	0,90	1,00
A	KWS Pius	7	8,3	99,8	89,2	4,3	0,43	1,01
A	Lahertis	7	8,7	98,4	86,8	4,3	0,28	0,85
A	Leiffer	8	8,1	100,1	89,0	2,8	0,19	1,10
A	Levendis	9	9,1	100,3	86,8	7,0	0,47	1,27
A	Linus	7	8,5	102,5	91,6	2,6	0,17	1,08
A	Ludwig	15	8,9	99,6	88,1	10,0	0,70	1,08
A	Meister	7	8,5	102,5	91,6	3,2	0,29	1,06
A	Meteor	5	8,4	101,8	90,4	6,3	0,59	0,86
A	Nirvana	10	8,6	97,9	86,8	6,7	0,58	0,87
A	Paroli	8	8,7	96,6	84,5	8,2	0,78	0,89
A	Pegassos	14	8,7	97,0	86,3	4,7	0,40	0,93
A	Potenzial	17	8,7	102,1	91,0	4,3	0,37	1,08
A	Schamane	8	8,4	103,4	91,9	3,0	0,26	0,93
A	Sobi	7	8,7	98,9	87,2	5,1	0,51	1,05
A	SW Tataros	7	9,9	95,1	83,4	7,8	0,87	0,90
A	Tiger	6	10,2	108,4	94,3	7,4	0,92	1,04
A	Tommi	21	9,1	100,2	88,4	6,8	0,57	1,15
A	Toras	15	9,0	100,4	89,1	8,4	0,77	1,13
A	Türkis	23	8,5	97,1	86,1	7,2	0,62	0,91
B	Anthus	9	7,8	94,2	83,6	5,7	0,43	0,86

Quelle: LELF (2012 a) sowie eigene Berechnungen

Tabelle A 26: Datengrundlage (Teil B) für das Merkmal Rohproteinertrag von Winterweizen (Landessortenversuche Brandenburg, 2003 bis 2011)

Qualitätsgruppe	Sortenname	Anzahl Umwelten	Sortenmittelwert [dt ha⁻¹]	Rohproteinertrag relativ [%]	Floating Checks [%]	Ökovalenz [%]	Stabilitätsparameter s	Reaktionsparameter b
B	Buteo	8	8,9	99,5	87,0	8,8	0,85	0,84
B	Dekan	6	9,2	97,5	84,8	2,3	0,26	0,99
B	Drifter	13	9,2	101,2	88,7	8,9	0,83	1,13
B	Ephoros	11	8,8	98,3	86,5	4,1	0,40	1,01
B	Hybred	10	9,9	105,3	92,6	7,7	0,83	1,08
B	Julius	11	8,7	100,6	90,2	8,4	0,78	0,89
B	Kredo	9	8,5	98,8	88,6	3,4	0,32	1,04
B	Mulan	10	8,8	101,1	89,8	7,3	0,55	1,27
B	Premio	7	8,2	98,6	88,1	7,1	0,54	0,83
B	Solitär	8	9,5	105,2	91,9	4,1	0,39	1,10
B	Terrier	6	9,7	102,9	89,6	7,9	0,70	1,19
C	Biscay	5	8,7	93,9	82,5	7,2	0,30	0,79
C	Hermann	16	8,8	97,5	86,1	4,6	0,30	0,86
C	Skalmeje	6	8,9	100,7	89,4	6,8	0,68	0,84

Quelle: LELF (2012 a) sowie eigene Berechnungen

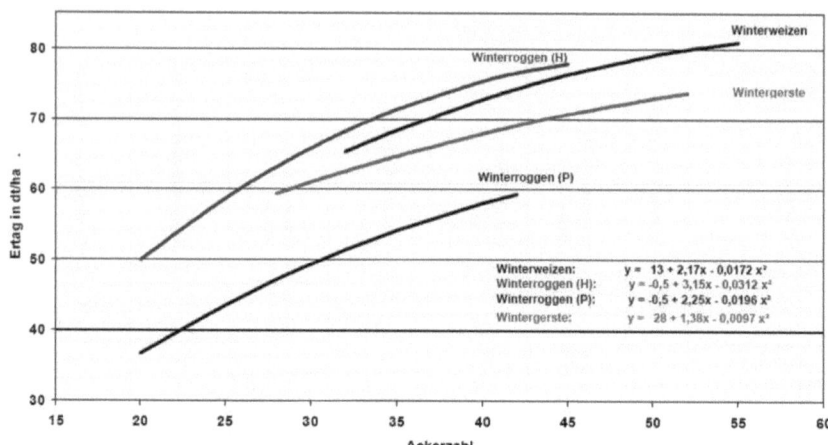

Abbildung A 9:	Ertragserwartungen von Getreidearten in Abhängigkeit von der Ackerzahl, Besondere Ernteermittlung Mecklenburg-Vorpommern (1998 bis 2004) Quelle: MICHEL et al. (2007), Darstellung S. 105

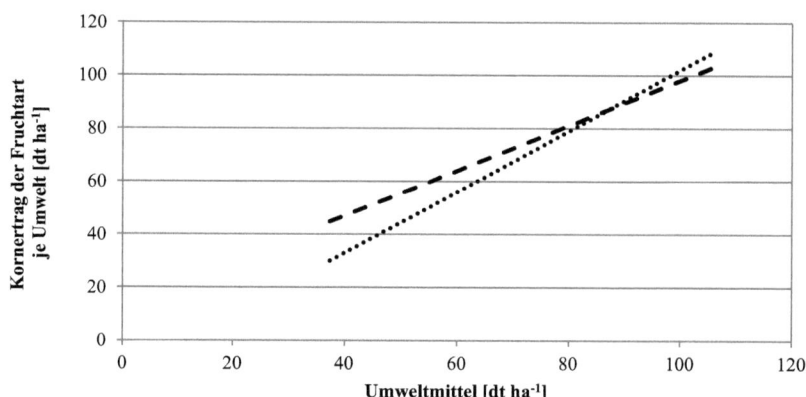

.... Regressionsgerade Winterweizen: y = 1,15x - 12,95 mit R^2=0,91
- - - - Regressionsgerade Winterroggen: y = 0,85x + 12,95 mit R^2=0,85

Abbildung A 10:	Ökoregression für das Merkmal Kornertrag im Vergleich von Winterroggen und Winterweizen (Landessortenversuche Brandenburg, 2003 bis 2011) Quelle: LELF (2012 a) sowie eigene Berechnungen

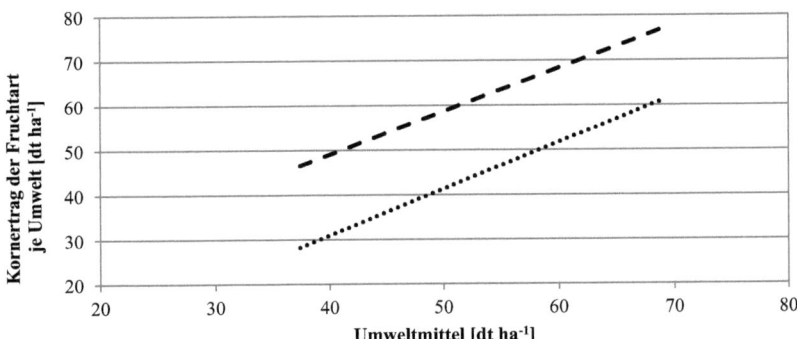

·········· Regressionsgerade Winterweizen: y = 1,04x - 10,53 mit R^2=0,86
– – – · Regressionsgerade Winterroggen: y = 096x + 10,53 mit R^2=0,84

Abbildung A 11: Ökoregression für das Merkmal Kornertrag im Vergleich von Winterroggen und Winterweizen (Sortenversuche Thyrow, 2003 bis 2011)
Quelle: BAUMECKER (2011) sowie eigene Berechnungen

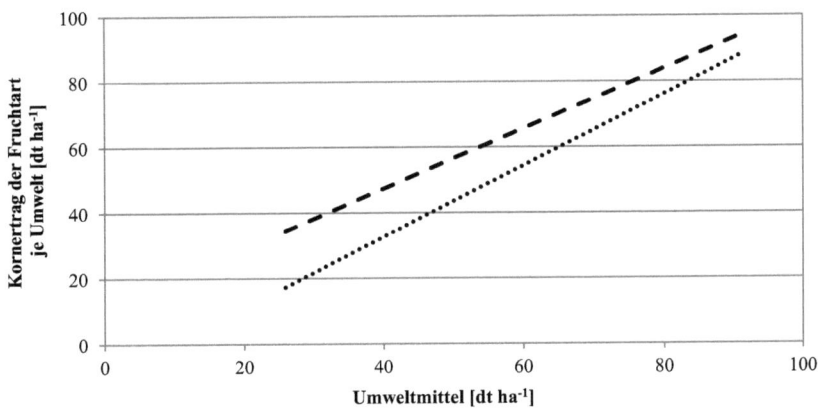

·········· Regressionsgerade Winterweizen: y = 1,09x -10,81 mit R^2=0,91
– – – · Regressionsgerade Winterroggen: y = 0,91x + 10,81 mit R^2=0,88

Abbildung A 12: Ökoregression für das Merkmal Kornertrag im Vergleich von Winterroggen und Winterweizen (Ringversuch, 2000 bis 2004)
Quelle: KÖHN (2009) sowie eigene Berechnungen

Danksagung

Ich bedanke mich ganz herzlich bei allen, die mich bei dieser Arbeit unterstützt haben.

Herrn Professor Dr. F. Ellmer möchte ich für die Überlassung des Themas, die ständige Gesprächsbereitschaft bei der Erstellung dieser Arbeit und die zielorientierte Betreuung meines Promotionsvorhabens danken.

Ich danke Herrn Professor Dr. F.-M. Chmielewski und Herrn Professor Dr. B. Honermeier für Ihre konstruktive Unterstützung und für die freundliche Übernahme der Gutachten.

Ein besonders herzlicher Dank gilt Dr. W. Köhn, Dr. G. Barthelmes, Prof. Dr. F.-M. Chmielewski und Herrn Baumecker für die zur Verfügung gestellten Datengrundlagen, ihre Unterstützung und den stetigen fachlichen Austausch. Frau Dr. B. Kroschewski bin ich für die nützlichen Anmerkungen und Unterstützung bei der statistischen Auswertung des Datenmaterials sehr dankbar.

Den Kolleginnen und Kollegen am Fachgebiet für Acker- und Pflanzenbau sowie der Lehr- und Forschungsstation Thyrow an der Humboldt-Universität zu Berlin kommt ein großer Anteil am Gelingen dieser Arbeit zu, da ich durch die Unterstützung sowie durch die Diskussionen mit ihnen wertvolle Ratschläge und Anregungen bekommen habe. Dafür möchte ich mich ganz herzlich bedanken.

Meinen Eltern möchte ich herzlich danken, dass sie mir dieses Studium ermöglicht haben und mich stets in meinen Vorhaben unterstützen. Ebenso bin ich meinem Partner Marcel für die konstruktiven Hinweise und sein Interesse an meiner Arbeit dankbar.

i want morebooks!

Buy your books fast and straightforward online - at one of world's fastest growing online book stores! Environmentally sound due to Print-on-Demand technologies.

Buy your books online at
www.get-morebooks.com

Kaufen Sie Ihre Bücher schnell und unkompliziert online – auf einer der am schnellsten wachsenden Buchhandelsplattformen weltweit! Dank Print-On-Demand umwelt- und ressourcenschonend produziert.

Bücher schneller online kaufen
www.morebooks.de

 VDM Verlagsservicegesellschaft mbH
Heinrich-Böcking-Str. 6-8   Telefon: +49 681 3720 174   info@vdm-vsg.de
D - 66121 Saarbrücken   Telefax: +49 681 3720 1749   www.vdm-vsg.de

Printed by Books on Demand GmbH, Norderstedt / Germany